new Herb Bible

監修者より日本の読者へ

　ハーブとは、一般に生活に役立つ香りのある植物を言います。したがってその活用領域は、栽培・美容・健康・料理・クラフトと多岐にわたります。本書の最大の特徴は、ハーブの活用をひとつの領域にとどまらず、丸ごとのハーバルライフとして美しい写真と共に提案していることにあると思います。

　なお、本書は筆者の意向を最大限に尊重し、できるだけ原文に忠実に翻訳してあります。そのためわが国ではなじみが薄く、正式には認められていない医療用途や、入手が難しいハーブや食材も収載されていることをお断りいたします。

　さて、ハーブ療法では、体の内側を土壌として捉え、その土の質（体内環境）を高めることで病気を予防することをめざします。本書の内容を参考にハーブを活用し、最も身近な自然である私たちの心と体を健やかに養育することをおすすめしたいと思います。

　　　　　　　　　　　　　　　　　　　　　　　　林　真一郎

new Herb Bible

First published in the UK in 2002
Reprinted in 2002
by David & Charles
Brunel House
Newton Abbot
Devon

Copyright © 2002 Quintet Publishing Limited

編集主幹：ダイアナ・スティードマン
アートディレクター：シャランジット・ドール
デザイナー：イゾベル・ギラン

クリエイティブ・ディレクター：リチャード・デューイング
発行人：オリヴァー・サルズマン

お断り

本書が紹介するレシピには、人によってアレルギー反応を起こすハーブや材料を用いるものが含まれています。いずれの材料を扱う際も必ず注意しながら利用して下さい。治療が必要な状態にある方、妊娠中、授乳中の方は、前もって専門の医師や療法士の診断を受けるようにしてください。

Picture Credits

以下のリスト以外は全てQuintet Publishingに版権があります。

pages 12, 13 Garden Exposures Photo Library;
page 14 Lynne Brotchie/Garden Picture Library;
page 16 John Glover/ Garden Picture Library;
page 18 Howard Rice/ Garden Picture Library;
page 20 Jerry Harpur/ Garden Picture Library/Garden Design Tessa Hobbs;
page 21 Jerry Harpur/ Garden Picture Library/Garden Design Chris Rosmini;
page 23 and 26 Marcus Harper/ Garden Picture Library/Garden Design HMP Leyhill;
page 27 Ron Sutherland/ Garden Picture Library;
page 29 Jerry Harpur/ Garden Picture Library/Garden Design Julia Scott;
page 30 Marcus Harpur/ Garden Picture Library;
page 31 top Andrew Lawson; bottom Garden Exposures Photo Library;
page 32 Christopher Fairweather/ Garden Picture Library ;
page 33 John Glover/ Garden Picture Library;
page 34 Diana Steedman;
page 35 John Glover/ Garden Picture Library;
page 41 Friedrich Strauss/Garden Picture Library;
page 42 Jerry Harpur/Garden Picture Library/Garden Design Joy Larkcom;
page 50 top A-Z Botanicals;
page 51 top Joy Michaud/Sea Spring Photos
page 52 top Sea Spring Photos
page 53 top A-Z Botanicals;
pages 55, 56, 59 Harry Smith Collection
page 60 top A-Z Botanicals;
page 61 Harry Smith Collection
page 62 top Michael Michaud/Sea Spring Photos;
page 65 top Sea Spring Photos;
page 68 top A-Z Botanicals;
page 69 top Garden Matters;
page 71 top Garden Exposures Picture Library;
page 72 top Garden Matters;
page 73 top A-Z Botanicals;
page 74 Peter McHoy
page 76 top A-Z Botanicals;
page 77 top Georgia Glynn-Smith/Garden Picture Library;
page 80 top Joy Michaud/Sea Spring Photos;
page 81 top Marcus Harpur/ Garden Picture Library;
page 83 A-Z Botanicals;
page 84 top A-Z Botanicals;
page 88 top A-Z Botanicals;
page 91 top Garden Matters;
page 93 top, page 94 top Joy Michaud/Sea Spring Photos;
page 97 top Jerry Pavia/Garden Picture Library;
page 98 top A-Z Botanicals;
page 99 Peter McHoy
page 100 top Joy Michaud/Sea Spring Photos;
page 101 Harry Smith Collection
page 112 right, 113, 114 right, 122 top right, 130 top right, 134 top right, 136 bottom right, 138 top right Robert Harding Picture Library
page 140 top left Joy Michaud/Sea Spring Photos;
page 146 A-Z Botanicals;
page 149 Robert Harding Picture Library;
page 150 Garden Matters;
page 151 top, Robert Harding Picture Library; bottom ET Archive;
page 152, 154, 160, 162 left, 163 bottom, 165 Robert Harding Picture Library;

Illustrations by Nicola Gregory, Elisabeth Dowle, Sally Launder, and Sharon Smith
Additional photography by Ian Garlick, Jeremy Thomas, Paola Zucchi, Tim Ferguson Hill, Nelson Hargreaves, Chas Wilder, Paul Forrester, Keith Waterton, Ian Howes.
Recipes were contributed by Gina Steer, Rosemary Moon, Jenny Stacey, Marlena Speiler, and Kathryn Hawkins

目 次

はじめに 8

ハーブガーデン 10

ハーブ図鑑 46

ハーブで作る化粧品 104

薬用ハーブ 142

ハーブを使った料理 166

索　引 219

はじめに

　ハーブは医療やアロマセラピー、化粧品、食用にと大活躍してきました。現代になってハーブ薬の研究が進められていますが、そのほとんどが長年認められてきたそんな事実を裏づける結果となっています。人間は文明の初期からハーブを利用し、食材、薬、保存料としてハーブを頼っていました。その結果、ハーブは宗教儀式や祭儀に欠かせない重要なものとなり、ハーブにまつわる数多くの迷信も生まれました。

　古代、本草書は大変な人気がありました。その先鞭となったのが紀元1世紀にディオスコリデスが植物の治癒促進作用について著した『薬物誌（De Materia Medica）』です。ギリシャの医師だったディオスコリデスはハーブの育ち方を観察し、採集法、保存法を記録しました。貴重なこの本の最古の写本で現存しているのは6世紀に図とともに記された『Codex Vindobenensis』で、ウィーンに保管されています。

　古代、薬用植物を特定した本は他にも作られ、薬効に加えて食用の用途も記載されるようになりました。中世ヨーロッパでは同様の本が多く出版されています。15世紀には、フォン・メーゲンブルグが『自然の書（Buch der natur）』を記しています。これは知られている限り、植物の木版図を掲載した最初の書籍です。16世紀になると探検家が植物を持ち帰るようになり、植物の正確な知識がさらに重要視され始めます。1597年にジョン・ジェラードが有名な『本草書（Herbal）』を著しますが、この頃すでに本草書は植物カタログの域を超えていました。ジェラードはロンドンに所有する薬草園で地中海沿岸やアメリカ大陸から新たに持ち込まれたハーブを栽培し、その経験から得られた植物の詳細な特徴や知識を『本草書』に盛り込んでいたからです。

　本来の本草書の出版と並行して、医学的理論と薬草を利用して人間の軽い病気を治す方法を扱う本も出版されるようになりました。ニコラス・カルペパーは著書『医学訓令集（A Physicall Directory）』で薬用植物とその用い方を詳細に述べました。カルペパーは「象徴論」として知られる自然療法の信奉者でもありました。これは類が類を直すという教えで、例えば赤い花は血液の病気を癒す効果が一番期待できると考えるものです。

　ハーブを用いる知識はヨーロッパ中に広がり、初期の移民者によって北米にも伝わりました。最初にハーブを栽培し、商品として販売して成功を収めたのはシェーカー教徒の生活共同体です。アメリカ先住民は自然由来の素材のみを用いて健康を促進し延命する方法を数多く見出しましたし、フランスの医師ノストラダムスは自然物から得た材料で疫病に悩まされる人々を助けました。また、中国伝統医学の処方は植物の治療作用に深く基づいています。

　西欧では化学薬品や現代的な保管・保存法の出現によってハーブの使用が廃れ、ハーブが持つ無理のない効用は忘れられていきました。しかしふりこが揺り戻すように、様々な用途に使えるこれらの植物には今までになく高い関心が集まっています。自然療法家のあいだでは化学薬品を用いた治療には深刻なデメリットが伴うとされ、そもそも人間の体は構造的に非有機的な物質を吸収できないと考えられています。現在は、天然の産物の恵みについて改めて新しい情報を知り、幅広い種類のハーブをより積極的に使おうとする流れにあります。

ハーブガーデン

　歴史やロマンティックな物語にはハーブがちりばめられています。アポテカリー（薬屋の）ローズ、ローズマリー、ハニーサックル、レディスマントル、マリーゴールド——名前だけでも何だか詩的です。ハーブを育てるのが楽しいのは、様々な花や香り、草姿のためだけではなく、栽培がとても簡単なおかげです。野生の厳しい条件に何千年も耐えて適応してきたせいで、ハーブには高い生存能力が自然に身についています。たくましいハーブはめったに病気にもかかりません。むしろ周囲の植物を守る役目を果たします。地中海沿岸の低木性ハーブであるローズマリーとラベンダーは周囲に強力なエッセンシャルオイルを発散し、香りで害虫を混乱させます。ルーや苦いワームウッドの刺激臭はナメクジやモグラを追い払います。多くのデイジー様の花はテントウムシやクサカゲロウなどの有益な捕食昆虫を引きつけてアブラムシの害を防ぎます。

　ハーブがあるところにはミツバチやチョウが訪れます。科学はより魅力的な植物を生み出すべく、多くの花の姿をもとの面影もない程変えてきましたが、ハーブについてはあまり成功しませんでした。大半が素朴な花と、磁石のように野の生物を引きつける香りを持つ野生種とさほど変わらないままだったのです。

　特別な例外もありますが、ハーブの見た目は華やかとはいえません。しかし、花壇の主役を引き立ててもくれます。それにどんな条件でも、必ずそこになじんでくれるハーブが見つかります。庭に植えるのに適した広く好まれるハーブのほとんどは、暑く乾燥した夏と温暖な冬が特徴の地中海沿岸が原産地です。日照があって冷たい風が当たらず、土壌の水はけがよく、気温が氷点下を大きく下回らない環境ならハーブはたやすく栽培できます。それに他の植物にはない使い道もあります。

料理用ハーブのガーデン

ほとんどの料理用ハーブはコンテナ栽培でも元気に育ちます。コンテナ栽培には、必要に応じて、または視覚的にベストの効果を得るために並び替えができるという利点も。

コンテナ栽培には大きなメリットがいくつかあります。まず、配置を変えて、花が咲いている鉢を前に持ってくることが可能です。その植物に一番適した用土と水はけに仕立てられますし、日当たりや水やり、肥料もコントロールできます。土壌に媒介される害虫の心配も無用です。ミントやタラゴンなど、露地では群生して横に広がるハーブも管理できます。

排水のための穴を開けるのさえ忘れなければ、ほとんどのものが鉢として使えます。古いブリキのバケツ、流し台、桶、水槽などに手を加えてもいいでしょう。手押し車を鉢でいっぱいにすればカントリー風です。フルーツや野菜の木箱、バスケット、丸かごも素敵です。中に丈夫なポリエチレンシートを敷いて、木材用の防食剤を塗れば長持ちします。

ベルサイユタブ（飾りのついた木製の大型容器）か桶型コンテナなら木本植物を植えることもできます。陶製ポットももちろんOK。新品の陶製ポットは根を乾燥させてしまいがちなので、数時間程水に浸してから使いましょう。パセリポット（縦長で所々に穴の開いたポット。パセリ栽培に適します）も魅力的ですが、側面に穴が開いているので水やりに苦労します。とはいえ、両端が開いたパイプを用土に縦に埋め込めばこれは解決します。

置き場所がバルコニーや屋根で重さが心配なら、ファイバーグラスやプラスティック製のコンテナを使いましょう。目立たないように暗い色に塗るか、ラッシュ（イグサなどの葉を使った織物）でコンテナが見えないように周囲を包み込み、ワイヤーで固定するとよいでしょう。

全般的な世話

コンテナ栽培の植物は用土の量も限られていますし、露地植えの場合より水やりや施肥に気を遣う必要があります。肥料の与えすぎで弱るハーブはほとんどありませんが、夏を通して2週間おきに液体肥料を施すのが原則です。何種類かを一緒に植える際は生育条件が同じものをまとめます。風が当たって日陰になるような小さなスペースでも、ちょっとした日だまりがあるものなので、うまく利用して下さい。摘み取って利用する際は、株が元気を回復できるよう必ず葉をたくさん残すようにします。

ハンギングバスケット

小スペースを最大限に活用したいなら、ハンギングバスケットを使いましょう。これなら鼻の高さに香りが漂いますし、デリケートな花をちょうど目の高さで楽しむこともできます。ただし水分を含んだ用土をいっぱいに入れた時の重さも考慮する必要があります。また、つり下げる際はしっかりと固定するようにします。

バスケットを仕立てる際は、まず内側にミズゴケかチョウチンゴケを敷きます。これは花屋か園芸用品店で販売されています。その上に、排水用に穴を開けた中敷き用ビニールを重ねます。たっぷり水分を与えれば、夏中苔むした緑を保ってくれるはずです。バスケットの下側から植物が顔を出すように仕立てたい場合は、土がバラバラにならないよう根元を包み、内側から慎重に引っ張ってビニールの中敷きをくぐらせ、それから軽い用土を入れます。暑くなったら、ハンギングバスケットには頻繁に水やりをしなければなりません。1日2回の潅水が必要になることもあります。

右　料理用ハーブや香りを楽しむハーブは、キッチンの戸口に配置すると便利。これはラベンダー、パセリ、ベイ、ローズマリー、オレガノと充実したコレクション。

裏庭でコンテナ栽培をする

バルコニーや裏の戸口に日当たりのよい場所があったら、耐寒性のあるハーブを植えれば1年を通して楽しめるコンテナが仕立てられます。日当たりをよくして水はけに注意し、強い風雨が当たらないようにすれば、ほとんど手間はかかりません。

セージ（*Salvia officinalis*）は草丈70cm位に育つ常緑植物で、夏に青い花を咲かせます。優雅にしなだれる性質とベルベットのような葉を持ち、鉢植えにしてもエレガントです。葉がパープルのパープルセージもあります。ゴールデンセージ（*Salvia officinalis* Icterina）は金色の亜種です。ローズマリー（*Rosmarinus officinalis*）は美しい周年性のハーブで、春から初夏にかけて花をつけます。青、ライラック、ピンク、白と様々な色合いの花があります。横に広がらない立性の株がよいなら、ミスジェサップスアップライトがおすすめです。草丈2m程になり、淡い青色の花を咲かせます。這性のものはポットからたなびくような姿が魅力的です。

もう少しどっしりしたものならベイ（*Laurus nobilis*）があります。これは高木にもなりますが、剪定がきくので大きなコンテナに植えれば相当長生きします。ピラミッド型や球形に刈り込めばオブジェのような形が楽しめます。ベイは根が地上近くにあるので、頻繁な施肥と灌水を好みます。

コモンタイム（*Thymus vulgaris*）またはフレンチタイムは草丈30cm程の美しい常緑性半低木で、夏にライラック色の花をつけます。水切れが早く特に日当たりがよい環境を好みます。肥料や水をやりすぎると香りが弱くなります。花が咲いた後は刈り込んで葉の茂りを促しましょう。キッチン向きのタイムなら愛らしいシルバーポジーがおすすめです。

形のコントラストが欲しいなら、丈が高く軽やかな草姿の

テラコッタのウィンドウボックスは見た目もきれいな上に実用的。バジル、セージ、フェンネル、タイム、ペラルゴニウムを寄せ植え。

フェンネル（*Foeniculum vulgare*）を。耐寒性の多年生植物で草丈150cmになり、傘状の黄色い散形花を咲かせます。倒れないよう深いポットと支柱が必要でしょう。フェンネルは肥沃で水はけのよい有機質の黒土を好みます。収穫して使えるのは若い葉のみなので、外側の古い茎は根元まで刈り込んで新芽の成長を促します。フェンネルはディルやコリアンダーからも受粉してしまうので、これらは遠ざけておきましょう。

ディル（*Anethum graveolens*）は一見フェンネルによく似ていますが、草丈は60〜90cmとさほど高くありません。ただし扱いは同じです。またコリアンダーと同様、成長が早くすぐに摘み取れなくなってしまうので、続けて収穫したいなら夏期は株の植え替えをするつもりでいましょう。コリアンダー（*Coriandrum sativum*）は水はけのよい、砂質の土壌でよく育ちます。日中は暑くなりすぎないよう多少日光を遮るようにします。ただし種が熟すためにはたっぷり日に当てなければなりません。

半日陰の場所にはチャイブ（*Allium schoenoprasum*）やパセリ（*Petroselinum crispum*）、スペアミント（*Mentha spicata*）の鉢を置くとよいでしょう。チャイブは水と肥料がたっぷり必要です。冬に枯れたように見えても、翌春にまた芽を出します。パセリの縮れたような明るい緑色の葉は様々に利用できるだけでなく、見ても楽しいものです。主根が長いので深い鉢と肥沃な用土、たっぷりの水分と肥料が必要です。ミントは横に広がるので鉢植えするのがベストでしょう。水やり以外はほとんど手をかけなくても大丈夫です。ミントにはたくさんの種類があります。スペアミント、オーデコロン、ジンジャー、バジル、パイナップル——これらはほんの一例です。

フレンチタラゴン（*Artemisia dracunculus*）はロシアンタラゴン（*A.d. dracunculoides*）よりも風味が優れています。ロシアンタラゴンの学名に「*dracunculus*（小さいドラゴン」の意）」がつけられていないのには理由があります。根の張りや広がりが非常に強いためです。できればコンテナ栽培するのがベストでしょう。タラゴンは一般的にじめじめした土壌や湿気を嫌います。暖かくて乾燥した場所に置き、すぐに水分が蒸発するよう日中温度の高い時にたっぷり水を与えます。用土にもゴロ石を加えて素早く排水するようにします。肥料を与えすぎると香りが失われます。

バジルは1日少なくとも6時間の日照とたっぷりの水、特に水はけのよい土壌が必要です。周囲から常に摘み取って葉を密にし、花を咲かせないようにします。濃い赤紫色の葉がフリル状になっているパープルラッフルズ（*Ocimum basilicum* Purple ruffles）は、オールアメリカンセレクション（AAS）を受賞した数少ない交雑ハーブの1つです。バジルはハエを追い払う効果で知られていますので、キッチン回りに植えるとよいでしょう。

オレガノとマジョラムは植物学的には同属で、名前がよく混同されています。半耐寒性のスイートマジョラム

下からアルパインストロベリー、タイム、パセリ、チャイブと重ねていき、一番上に青い花を咲かせるキャットニップを乗せた、しゃれたハーブタワー。

（*Origanum majorana*）はハーブガーデンで一番広く栽培される植物の1つでもあります。オレガノ（*Origanum vulgare*）より風味がデリケートです。オレガノは力強くスパイシーな味のハーブで、イタリアやギリシャ、メキシコ料理によく使われます。夏期が長くないと十分な風味が出ません。ポットマジョラム（*Oregano onites*）は小さめの株で育てやすく、かすかな苦みを備えています。これらはどれもたっぷりの陽光と素早い水はけ、アルカリ性の土壌を好みます。

ハーブの中には霜に当たると枯れてしまうものもあります。特にバジルやスイートマジョラム、タラゴンはその傾向が顕著です。冬場は霜の降りないところに入れるか、刈り取って翌年にまた植えるとよいでしょう。

香りと色を楽しむ食用ハーブ

レモンバーベナ（*Aloysia triphylla*）は料理用に使われるハーブでも一番レモンらしい香りがします。半耐寒性の観賞用にもなる落葉植物です。高さ3m程になり、夏の終わりごろに淡いラベンダー色の花を咲かせます。栽培には大きな鉢を使い、支柱を添えます。日当たりのよい場所に置き、水はけの早い用土を用います。たっぷりの水と肥料が必要です。

半耐寒性のペラルゴニウム（近縁種のゼラニウムと混同しないように）（訳注：現在「ペラルゴニウム」と呼ばれるものは、かつて「ゼラニウム」と呼ばれていました。その後ゼラニ

ウムとペラルゴニウムは区別されますが、当時の名がそのまま残っているものもあります）は南アフリカ原産で低木性です。葉に芳香があり、デリケートな花を咲かせます。香りは実に様々で、ペパーミントゼラニウム（*Pelargonium tomentosum*）はその名の通りペパーミントの味がする匍匐性のハーブです。レモンゼラニウム（*P. crispum*）はやはりレモンの香りがあって30cm程になります。ローズゼラニウム（*P. graveolen*）はもっと大きくなり、バラの香りがあります。チョコレートペパーミントと呼ばれるペラルゴニウムもあります。

　目の覚めるような鮮やかな色が欲しい時は、ポットマリーゴールド（*Calendula*）とナスタチウム（*Tropaeolum majus*）を植えましょう。この２つの花をサラダに添えるととても彩りがきれいです。優しげなパイナップルセージ（*Salvia elegans* Scarlet Pineapple）は草丈90cm程になり、夏にあでやかな赤い花を咲かせます。あまり料理には使われませんが、植えて損はありません。パイナップルそっくりの甘い香りがするので、触れるたびに南の島を訪れたような気分になるでしょう。

屋内でハーブを育てる

　日光が少ない、温度の変化が激しい、暖房、乾燥などの条件から、屋外の鉢よりも多少世話に注意を払う必要があります。置く場所は日当たりのよい窓際に。日光を求めてひょろ長く伸びてしまうのを防ぐため、枝の先端は切り、剪定して葉を茂らせるようにします。できれば外で栽培している鉢と時々交代するとよいでしょう。料理用ハーブの多くには矮性種があります。このタイプなら窓辺に置いてもうまくなじんでくれます。

屋内でハーブを育てる際は、やや頻繁な剪定や日当たりへの心配りなど屋外よりも多少の注意が必要。それでも明るい窓際に料理用ハーブの鉢があれば見た目も楽しく、時間とお金の節約に。

コスメティックガーデン

コスメティックガーデンを作るなら、ローションやチンキの材料という点以外にも目を向けましょう。足を踏み入れるたびに心が浮き立ち五感が喜ぶ、空間そのものが健康を高めてくれるガーデンを目指しては。

香りと形の美しさでは、何といってもオールドローズが一番。香料にも使われます。美しく咲きこぼれる花ゆえに、夏の一時期しか咲かなくても多くの愛好者がいます。

最も初期の栽培品種は半八重でダークピンクの花を咲かせるアポテカリーローズ（*Rosa gallica* var. *officinalis*）です。ピンクと白のストライプ模様を持つ変種はロサ・ガリカ・ベルシコロール（*Rosa gallica* Versicolor）またはロサムンディ（*Rosa mundi*）と呼ばれ、ヘンリーⅡ世の寵妃ロザモンドの名を取って名づけられたといわれます。どちらも樹高90cm程になります。いかにもバラらしい芳香を持つガリカ種にはたくさんの美しい種類があります。デューク・ド・ギッシュの花は八重のカップ型で、色は濃いピンク、中央部が緑色です。タスカニースーパーブの花は豪華なベルベットのような質感で、濃いパープルレッドの花弁に金色のおしべが映えます。ダマスク種は15世紀に十字軍の手で東方からヨーロッパにもたらされました。オータムダマスク、別名キャトルセゾン（*Rosa x damascena* var. *semperflorens*）の花は淡いピンクでシルキーな質感を持ち、樹高は120cm程になります。フランスの香料業者に好まれるのは、おそらくオールドローズには珍しく返り咲きするからでしょう。その他、プロフェッサー・エミール・ペローはローズオットー（エッセンシャルオイル）を作るのに最も広く使われるバラです。ソフトなピンク色の花をつける旺盛な種で、樹高は150cm位になります。

花姿と洗練された香りの両方とも素晴らしいのがロサ・アルバ（*Rosa x alba*）種です。ホワイトローズ・オブ・ヨーク（Alba Semiplena）は強健で、大きなクリームホワイトのほぼ一重の花を咲かせます。これはローズオットーの生産に用いられます。ケーニギン・フォン・デンマークの花は美しいローズピンクで、最も美しい花姿を持つ種の1つとされます。メイデンズ・ブラッシュの花は淡い色をしています。セレストの花の色は前記の2つの中間位で、灰色がかった葉を茂らせます。これらはいずれも樹高150～180cm程になります。

モスローズ（*Rosa x centifolia* Musscosa）は魅力的な種で、蕾の周辺に繊毛が生えます。バルサムのような香りが特徴です。ハンスレットモスは濃いピンクの花を咲かせる頑健な株で、強い香りを持っています。かつてシャポー・ド・ナポレオンと呼ばれていたクリスターナは、ナポレオンの三角帽のように見える繊毛におおわれた蕾が魅力的です。

ブルボン種はビクトリアンローズです。ルイーズ・オディエの花は一見ピンクのツバキのようです。マダム・アイザック・ペレールは濃い色と濃厚な香りが特徴です。ゼフィリーヌ・ドローインはつる性で2.7m程になります。とげがないのでベンチ上のトレリスのカバーに向いています。色はほぼショッキングピンクですが、得もいわれぬ芳香がします。

バラには陽光と肥沃で深くまで根を張れる用土が必要です。冬に裸根の状態で苗木を購入した場合は、地面ぎりぎりまで茎を切り戻します。

ラベンダーはバラと相性がよく、バラの茎がむき出しになるのを隠してくれます。コモンラベンダー、別名イングリッシュラベンダー（*Lavandula angustifolia*）はラベンダーオイル

上　ロサ・ガリカ（*Rosa gallica*）種は、昔からアポテカリーローズとして知られるロマンチックな原種のバラ。レッドローズ・オブ・ランカスターは12～13世紀に東方から十字軍によってヨーロッパにもたらされた。

右　場所を変えて同じ種を植え、鏡像のように仕立てた香りのガーデン。

バラの木陰──香りのコスメティックガーデン

を作るのに一番使われている種です。草丈は60〜90cm程になります。産毛におおわれ灰色を帯びる緑の葉とバイオレットがかった青い花の両方に強い芳香があります。ムンステッドは30cm程と小さめで、まさにラベンダー色の花をつけます。インペリアルジェムは中位の大きさで花はパープルです。ヒドコートピンクはピンクの花を咲かせます。白い花をつけるナナアルバはミニサイズでガーデンの縁取りや鉢植えに向いています。

ローズマリー（Rosmarinus officinalis）のエキスは化粧品の材料として広く使われています。淡青〜濃青色の花を晩春に咲かせます。ローズマリーには種類がたくさんあります。テキサスで発見されたローズマリー、アープはかすかにレモンの香りがします。もう1つのアメリカ原産種、ピンキーは120cm程になります。金色がかった葉のオーレウスは日陰になる背景を明るく引き立ててくれるでしょう。コモンセージ（Salvia officinalis）はボーダー（細長く作った花壇）の背景役として優れ、香水の保留剤にも使われます。オイルはやや葉が細いスパニッシュセージ（S. lavandulifolia）からも採取されます。スパニッシュセージの花はラベンダー色で、バルサム様の香りがあります。

ラベンダー、ローズマリー、セージは風雨が強く当たらない日当たりの良い場所と、水はけのよい土壌を好みます。

コモンタイム（Thymus vulgaris）は日当たりがよい場所なら舗装道路の割れ目にも生えます。芳香性のチモールを採取します。株は小さめで草丈30cm程、花は白〜パープルです。

マドンナリリー（Lilium candidum）はキリスト教における純潔のシンボルです。現在、化粧品に使われることはありませんが、素晴らしい香りを持っています。ボーダーに添えると映えるでしょう。気品ある草姿は150cm位になり、夏にはトランペット型の花を20個程つけます。

タルカムパウダーや香水に用いられる、スミレの香りのオリスルートはオリス（ニオイイリス）（Iris Florentina）から採取されます。剣のような葉を持ち、草丈60cm程になりま

Rosa sp.を棚に仕立て、小道の縁にはラベンダーを配置。小道が視線を導き、デリケートな色彩と香りがそこかしこにあふれる魅力的なガーデン。

す。ハーブはこんもりと柔らかな感じの形になるものが多いのですが、オリスの直立した姿は対照的です。晩春に咲く花はうっすらとバイオレットを帯びた白色です。根茎を植える際は先端部を少し地表部に出し、日光が当たるようにします。

　ローマンカモミール（*Chamaemelum nobile*）も化粧品に用いられます。バラ株のあいだにはわせるのもお勧めです。高さは15cm程にしかならず、夏の間中、デイジーに似たリンゴの香りがする小さな花を咲かせます。種は春、露地に直まきします。水を切らさないようにし、種が鳥に食べられないように注意を。

　ちょっとした場所を見つけて、ぜひニオイスミレ（*Viola odorata*）も植えたいもの。耐寒性で甘い香りのするニオイスミレはアフロディーテの花とされ、2000年ものあいだ香料用に栽培されてきました。高さはわずか15cm程で、葉はハート形です。晩春から初夏にかけて咲く花は白～バイオレットの色があります。やや日陰になった良質の肥沃な土壌に植えれば、すぐにカーペット状に増えるでしょう。花が純白のアルバ種もあります。

　コスメティックボーダーに向く植物といえば、もう1つフェンネル（*Foeniculum vulgare*）があります。ふんわりと優美な感じのハーブです。ブロンズフェンネル（*F. vulgare* Purpureum）はその名の通りブロンズ色をしています。ヤロー（*Achillea millefolium*）は草丈30cmかそれ以上になります。羽のような葉を持ち、小さい皿のように平らに群れる白い頭状花は開花期間が長く、ボーダーにふさわしいハーブです。

　ベルガモットオレンジ（*Citrus bergamia*）は耐寒性がなく、霜が降りると枯れてしまいますが、化粧品作りにはとても有用な植物です。ベルガモットウォーターとベルガモットオイルを作れます。生育に適した条件なら10m程になります。ただ、大きな鉢に植えて冬場は屋内に入れれば何年も栽培できます。ローズの香りがするローズゼラニウム（*Pelargonium graveolens*）の歴史は18世紀に遡ります。直立する半低木で、草丈150cm程になります。淡いピンクの花にはパープルの斑が2つずつついています。

　日当たりの良い壁やアーチにぴったりのつる植物ならジャスミンです。ジャスミンは16世紀からフローラル系の香水に使われています。ジャスミン（*Jasminum officinalis*）は落葉性の耐寒性植物で、夏の間中うっとりするような愛らしい花を咲かせます。剪定しなければ10m程にまで伸びます。頑健さでは劣るものの、やさしい感じの常緑植物、スパニッシュジャスミン（和名タイワンソケイ）（*J. grandiflorum*）も昔から香水に用いられています。こちらはピンクを帯びた白い花が群がるように咲きます。

　低木を植える場所があるなら、エルダーを植えるとよいでしょう。エルダーフラワーウォーターやスキンローションを作るのに利用できます。コモンヨーロピアンエルダー（和名セイヨウニワトコ、*Sambucus nigra*）（アメリカンエルダー（*S.*

バラ、ハナタバコ、ユリのうっとりするような香りがあふれる夏のボーダー。

canadensis）と混同しないこと。こちらは有毒）は野趣あふれる低木ですが、愛らしい別種もあります。金色を帯びた葉のオーレア（*S. nigra* Aurea）、葉がシダ状の*S. nigra* f *laciniata*のほか、中でも一番可憐なのはギンチョパープル（Guincho Purple）で、ブロンズ色の葉とピンクの花柄を備えています。これらは育つと6m程になり、丈夫でトラブル知らずです。

　あたりが香りでいっぱいになったら、そのまま逃す手はありません。風よけをし、ガーデンを囲むようにして香りを留め、静かな楽園を作りましょう。陽光を当てるなら南向きに作りますが、夏の夜の薄れていく光に包まれて座っているのが好きなら、西向きにベンチを置きます。ベンチをおおうようにアーチを作り、甘い香りのジャスミンかつるバラをはわせましょう。また、通る時に身体をかすめるように、すがすがしい香りのローズマリーやラベンダーを植えましょう。きっと夏を通して五感に嬉しいガーデンになります。

メディシナルガーデン

いくつか植物を育て、ちょっとした不調に効くハーブティーや家庭薬を作れれば実用的な上に経済的です。間違いを防ぐため、昔の修道院の薬草園で行われていた方法で植物を分けておきましょう。

薬用ハーブは細心の注意を払って扱う必要があります。中には毒性の高いものもありますし、ほとんど無害に思えるハーブでも、つい過剰摂取してしまいがちだからです。葉、茎、花、根など決められた部位のみを、推奨摂取量の範囲内で利用して下さい。

とはいえ、これらさえ気をつければ、すぐ手の届く庭に穏やかな効き目の保健薬や基本的な家庭薬となる植物を植えておくのは楽しい上に何かと便利なもの。昔の修道院の「薬草園」にならい、ハーブはそれぞれ隣同士が混ざらないようきちんと分け、わかりやすくラベルをつけておきましょう。

家庭の薬箱に向くはしご型

利用しやすい薬用ハーブガーデンを仕立てる方法の1つは、古い木製はしごを日当たりのいい場所か壁の脇に置き、横木のあいだに背の低い「薬草」を一列に植えるやり方。もう少しスペースを取って使いでのあるガーデンを作るなら、レンガか木を大きなはしご型に組みます。

レモンバーム（Melissa officinalis）は頭をすっきり明晰にし、精神を高揚させるまさに万能薬。胃のむかつきを鎮め、ストレスを緩和するとされます。多年草で芳香があり、90cm程になります。肥沃な土壌と、日当たりがいいか少し影がさす位の環境を好みます。花が咲いた後は切り戻して新しい葉が出るようにします。

心を落ち着かせて眠りを誘う効果ならローマンカモミール（Chamaemelum nobile）です。草丈45cm程になり、夏中デイジーのような小さい花を咲かせます。八重咲きの愛らしいフローレプレノもあります。

ペパーミント（Mentha piperita）の味と香りははるか昔から世界中で好まれています。穏やかながら確実な消化促進作用があり、様々な胃のトラブルに使えます。熱いハーブティーは血行を刺激して熱を下げ、風邪の回復にも役立ちます。耐寒性多年草で、90cm程になり、夏に小さなピンクの花をつけます。繁殖力旺盛なので、底を抜いたバケツの中に植えて横に広がるのを抑えます。

レディスマントル（Alchemilla mollis）はひだのついたライムグリーンの葉を持つ清楚なハーブです。夏を通してレースのような黄色い花（フラワーアレンジメントにとても便利です）が咲きます。元気がないようなら切り戻してやればまた葉が出てきます。発疹や切り傷に効くスキンローションやうがい薬を作るのに使え、抗炎症作用も備えています。

常緑低木のローズマリー（Rosmarinus officinalis）は使い道の多さではトップクラスの万能ハーブの1つで、頭痛や偏頭痛に特効があるといわれます。熱いハーブティーは風邪、カタル、喉の痛み、肺感染症を緩和する効果が期待できます。這性のローズマリーは伸びても草丈30cm程で、株張りはその倍位です。

セージ（Salvia officinalis）も万能ハーブで、殺菌作用があります。浸出液はうがい薬やマウスウォッシュに使えます。葉をかめばマウスフレッシュナーに。矮性のキューゴールド（S. officinalis Kew Gold）は草丈30cm程にしかなりません。

ごく軽い火傷や刺し傷は摘みたてのセンペルビブム（Sempervivum）の葉を当てれば速やかに落ち着きます。装飾的なロゼット状の葉は古代ローマ人に珍重されたそうです。世話や水やりの手間もほとんどかかりません。

フィーバーフュー（和名ナツシロギク）（Tanacetum

上　パセリやチャイブと一緒に植えられたセージ。セージの浸出液は優れた殺菌作用がある。

parthenium）は刺し傷や挫傷に効きます。丈は60cm程になり、夏に白いデイジー状の花が群がるように咲きます。とても繁殖力が強くて広がりやすいので、花が咲いた後に切り戻して形を整えます。

車輪型ハーブガーデン

荷馬車の古い車輪の中でハーブを育てるのも昔ながらの方法です。スポークによって薬用ハーブを区画ごとに分けます。ただしこんな車輪は現在滅多に手に入りませんから基本型だけを借りることにして、レンガで車輪型の花壇を作りましょう。

ハーブボーダーでうまくなじみ合うレモンバーム、アップルミント、ローズマリー、ラベンダー、サントリーナ。

ハーブのはしご
1　ローズマリー
（*Rosmarinus officinalis*）
2　ペパーミント
（*Mentha x piperita*）
3　レディスマントル
（*Alchemilla mollis*）
4　センペルビブム
（*Sempervivum*）
5　ローマンカモミール
（*Anthemis nobilis*）
6　レモンバーム
（*Melissa officinalis*）
7　フィーバーフュー
（*Tanacetum parthenium*）
8　セージ
（*Salvia officinalis*）

場所に余裕があれば中央に小さめの木を植えましょう。米国南東部に広く分布し、アメリカ先住民と移民者に用いられた歴史を持つウィッチヘーゼル（*Hamamelis virginiana*）からは、捻挫や挫傷に効くよく知られた家庭薬が作れます。ウィッチヘーゼルはゆっくりと成長する落葉性の美しい小木（4.5m程になります）で、秋の2ヶ月、黄色い花房をつけます。スペースがない場合は、代わりに日時計か背の高いつぼを中央に配置すればアクセントになります。

車輪型を大きく作れるなら、思い切って「スポーク」の内円に印象的な背の高い薬用ハーブを植えるという手も。鮮やかなエキナセアの花、大きくて存在感のあるアンジェリカ、とげにおおわれたマリアザミ（ミルクシスル）、水彩絵の具のような色の花を咲かせるコンフリー、闇でもの白く浮かび上がるような花のイブニングプリムローズなどがよいでしょう。エキナセア（別名コーンフラワー）（*Echinacea*）もアメリカ先住民が傷の手当てに用いてきたハーブです。9種類あるエキナセアはカラフルな耐寒性の多年草です。パープルコーンフラワーとも呼ばれるE. purpreaは草丈120cm程になり、盛夏から初秋にかけて、ハチミツの香りがするデイジー様のパープルの花を咲かせます。花は中央が剣山のように盛り上がっています。日当たりがよいところなら普通の庭土で育ちます。純白のE. purpureaであるホワイトスワンなど、栽培品種もいくつかあります。

特にドラマティックな効果を演出したいなら、マレイン（*Verbascum thapsus*）がお勧めです。これは大型の耐寒性2年草で、1年目は葉がロゼット状になり、2年目に180cm程にまで伸びます。灰色がかった緑の葉を持ち、大きな穂状の黄色い花が夏を通して咲きます。古代ギリシャでは感染症の予防に、アメリカ先住民のあいだでは関節の痛みに用いられ、痛みの緩和と殺菌作用を備えています。ほかに背の高い庭用植物といえば、タチアオイ（*Alcea rosea*）があります。耐寒性多年草で、丸い葉とハイビスカスのような花が特徴です。草丈180cm以上になります。花は皮膚の炎症を緩和するのに用いられるほか、利尿・鎮痛作用も備えています。黒に近い色からピンク、赤、黄色まで様々な種類があります。日当たりと水はけのよい土壌を好みます。

ラークスパー（*Consolida ambigua*）は傷を癒す効果があり、夏を通してバイオレットがかった青い花を穂状につける、軽

車輪型ハーブガーデン
1　ローズマリー
（*Rosmarinus officinalis*）
2　ペパーミント（*Mentha x piperita*）
3　レディスマントル
（*Alchemilla mollis*）
4　センペルビブム（*Sempervivum*）
5　ローマンカモミール
（*Anthemis nobilis*）
6　レモンバーム（*Melissa officinalis*）
7　フィーバーフュー
（*Tanacetum parthenium*）
8　セージ（*Salvia officinalis*）
9　エキナセア（*Echinacea purpurea*）
10　マリアザミ（*Silybum marianum*）
11　タチアオイ（*Alcea rosea*）
12　アンジェリカ（*angelica archangelica*）
13　コンフリー（*Symphytum officinale*）
14　イブニングプリムローズ（*Oenothera biennis*）
15　マレイン（*Verbascum thapsus*）
16　ラークスパー（*Consolida ambigua*）

やかで見た目も美しいハーブです。草丈は90cm程になります。耐寒性1年草で、切り花に向きます。日当たりがよく肥沃で水はけのよい土壌を好みます。種には毒があるので注意して下さい。ゴールデンロッド（和名アキノキリンソウ）（*Solidago virgaurea*）は傷の手当てに使う草としてよく知られ、殺菌・抗真菌作用があり、治癒促進に用いられます。直立性の多年草で草丈75cm程になり、盛夏から秋にかけて多数の黄色い穂状花をつけます。

「エンジェルのハーブ」、すなわちアンジェリカ（*angelica archangelica*）は昔から消化のトラブルに用いられてきました。ガーデンでもドラマティックな存在感を醸し出します。頑健な耐寒性2年草で、草丈2.4m程にもなり、ライムグリーンの花が群がるように咲きます。日当たりがよい、または半日陰の肥沃な土壌がベストで、種から育てます。

コンフリー（*Symphytum officinale*）は英語で俗に「ニットボーン（骨接ぎの意）」と呼ばれます。事実、昔から整骨に使われてきました。葉は炎症の軽減効果があります（熱湯で湯通ししてから使います）。庭に植えておくととても重宝するハーブで、堆肥や液肥を作る目的にも利用できます。1つ難点をあげるとすれば、主根が大きいために移植がしにくいことでしょう。横に広がる傾向もあります。長い槍状の葉には毛が密生します。ベル型の花は淡い青、ピンク、白色などがあり、夏を通して咲きます。湿った環境がベストですが、生育条件はさほどえり好みしません。

イブニングプリムローズ（*Oenothera biennis*）は北米原産です。収れん・鎮静作用があり、百日咳や喘息に用いられていました。草丈と株張りともに120cm程になり、長い楕円形の葉がつきます。水はけと日当たりのよい場所に植えましょう。

シャープさでコントラストが欲しいなら、マリアアザミ（*Silybum marianum*）がお勧めです。マリアアザミは昔から肝臓の不調に使われているハーブで、草丈150cm程になる強健な2年草の観葉植物で、葉は縮れて葉脈が白く、花はパープルかピンク色です。

外側の円にははしご式で解説したような背の高くならないハーブを植えましょう。

チェッカーボード型ハーブガーデン

敷石が単調に続く場所があるなら、パターンを描くように石を取ってしまえば薬用ハーブを区分けして育てるのにもってこいの用地になります。石を上げた部分に背丈の低い薬用ハーブを植えるか（下の砂を取り除いて新たに培養土を入れておきます）、鉢の深さに穴を掘り、ハーブを植えたコンテナを埋めます。コンテナを埋める方法のメリットは株を自由に動かせることです。冬場は常緑タイプのハーブを置けばよいでしょう。鮮やかな彩りを添えたいならフレンチマリーゴールド（*Tagets patula*）を。草丈は22.5cm程ですが、元気な赤、黄、オレンジがかった黄色の花を夏中咲かせます。

チェッカーボード式ハーブガーデン

1. ウィッチヘーゼル（*Hamamelis virginiana*）
2. ペパーミント（*Mentha x piperita*）
3. レディスマントル（*Alchemilla mollis*）
4. ローズマリー（*Rosmarinus officinalis*）
5. フィーバーフュー（*Tanacetum parthenium*）
6. レモンバーム（*Melissa officinalis*）
7. セージ（*Salvia officinalis*）
8. フレンチマリーゴールド（*Tagets patula*）
9. ローマンカモミール（*Chamaemelum nobile*）

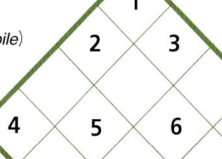

ミックスボーダー

あれこれ寄せ植えしたミックスボーダーでは、ハーブの草姿と質感、葉と花の色がとても大切な要素。ハーブたちはそろってコーラスラインに立ち、時にはスターの座を担うことも。

ボーダーを計画する際は、葉の形と色が花を引き立てる葉ものの植物も選んでおきましょう。ソフトで丸い形のハーブの隣には、シャープな形のものを配置します。こうするとコントラストによって両方が映えて見えます。冬場と夏場には少なくとも常緑植物が40％を占めるようにします。花を咲かせる株はどちらかというと旬が短く、季節とともに盛衰するからです。花の色をピックアップし、隣にはその色を葉に含む植物を配置するのもいいでしょう。または色彩効果を高めるコントラストを考えます——葉や花を持ってボーダーの回りを歩き、手持ちの植物の中からぴったりの組み合わせを見つけるのも1つの手です。

いくつか例外はありますが、ハーブはたいてい控えめな感じのものが多く、コンパニオンプランツとしても非常に優れています。銀色を帯びた葉はパステルカラーやクリーム、白色と合わせると見とれる程美しく見えます。ツゲやイチイなどの色の濃い常緑樹を背景にしても映えるでしょう。ブロンズやパープルは赤系統の情熱的なスキームをさらに華やかに見せます。影になりがちなガーデンなら、鮮やかなライムと穏やかな金色を取り入れれば明るくなります。

パープル〜青

多くのハーブは青系統の花を咲かせます。青系統の花と銀色の組み合わせは他のやわらかな色ともうまくなじみます。ボーダーでとても重宝する植物の1つがキャットミント（*Nepeta cataria*）です。灰色がかった葉が密生し、その上にラベンダーブルーの花が穂状に咲きます。花は何週間ももちますし、ボーダーの前列、ほかの植物のあいだに点々と植えれば豊かで洗練された雰囲気を添えてくれます。切り戻せばもう1度花が咲きます。

耐寒性で薬用植物のゼラニウム（*Geranium spp.*）もボーダーにそってソフトな丸い茂みを作り、同様の効果があります。ゼラニウムには青い花を咲かせる種がたくさんあります。ジョンソンズブルー（*G. Johnson's Blue*）は草丈75cm程になり、夏を通してライラックブルーの皿形になった花を咲かせます。マグニフィカム（*G. magnificum*）は盛夏からバイオレットの見事な花が一斉に咲きます。

ヒメムラサキ（*Pulmonaria officinalis*）は、半日陰の場所に涼しげでさわやかなカーペットを作ります。白い斑の入った緑の葉を持つ多年草です。ろうと状のソフトな花は咲いた時はピンクですが、後に青に変わります。ケンブリッジブルー（*Pulmonaria* Cambridge Blue）はピンクの蕾からエッグシェルブルーの花が咲きます。アジュガ（和名セイヨウキランソウ）（*Ajuga reptans*）はこれより丈夫なグランドカバーです。常緑植物で、ほとんど環境を選ばず生育し、横に広がります。楕円形の葉がロゼット状になり、伸びた花軸に尖塔状に青い花がつきます。

シルバー

地中海沿岸のハーブの多くは、日光を反射するために銀色がかった細かい葉を発達させました。耐寒性を備えた常緑植物もかなりあるので、植えておけば冬のボーダーに精彩とまとまり感が出ます。葉だけでもガーデンに含める価値があります。マスタード色の花がカラースキームと合わなければ摘んでしまいましょう。この種の植物は日当たりと水はけのよ

色彩を重視した植え方の一例。フレンチラベンダーのバイオレットがパープルセージの葉とアリウムの花にも繰り返され、アンジェリカとレディスマントルのさわやかな緑がこれをさらに引き立てる。

い場所を好みます。

アルテミシア属はほとんどが銀色がかった葉を持ち、形も様々です。優美な針金細工のように見えるものもあります。ワームウッド（和名ニガヨモギ）（*Artemisia absinthium*）は半耐寒性の多年草で草丈は90cm以下、株張りはもう少し広くなります。ランブルックシルバー（*A. absinthium* Lambrook Silver）は小さな種で、銀色の深く切れ込みが入った葉を備えています。バウトンシルバー（*A. stelleriana* Boughton Silver）の葉は、植物とは思えない程白みがかったシルバーで幅広く、細かい毛が生えています。サザンウッド（ラッズラブ）（*A. arbrotanum*）は直立性で、葉はもう少し緑を帯びています。ポウィスキャッスル（*Artemisia* Powis Castle）は低木状になり、葉は羽状で、こんもりと群がるように生えます。

サントリーナ（別名コットンラベンダー）（*Santolina chamaecyparissus*）は毛の生えた白っぽい線状の葉をつけ、草丈60cm程の小さな茂みを作ります。タンジー（ヨモギギク）の仲間である*Tanacetum argenteum*は周囲がフリル状になった白っぽい銀色の葉を持っています。草丈はさらに小さく、育っても20cm程です。

セージとラベンダー、ローズマリーはミックスボーダーを引き立てる常緑の観賞用植物として欠かせませんし、流行などに左右されない雰囲気を醸し出してくれます。これらの葉は灰色がかったやさしい緑で、どれも夏に青い花を咲かせます。ただしピンクや白い花をつける種もあります。たとえばコモンセージのアルビフロラ（*Salvia officinalis* Albiflora）、ストエカスラベンダーのレウカンサ（*Lavandula stoechas* f. leucantha）、ローズマリーホワイト（*Rosmarinus officinalis* var. *albiflorus*）は白花種で、白色と銀色を基調にしたガーデンではまさに絶品のながめを作り出します。

古風なダイアンサス（和名ナデシコ）（*Dianthus* spp.）は甘いクローブの香りを持ち、ポプリにも使われます。コテージのガーデンを思わせる、銀色がかった常緑のこぢんまりとした茂みを作ります。ダイアンサスにも美しい花姿の種が数多くあります。ミセス・シンキンズ（*D.* Mrs. Sinkins）は花弁に深く切れ込みの入った、チャーミングな白い八重の花を咲かせます。

丸みを帯びたソフトな草姿とコントラストをなす、とげとげしく直立した株がほしいなら、銀色のエリンジウム（別名シーホリー）（*Eryngium maritimum*）を加えます。これはヨーロッパ沿岸地帯に自生し、日当たりと水はけのよい土壌を好みます。葉は文字通り青みがかったメタリックな銀色で、淡青色の花はドライフラワーにも適します。ボーダーに向くエリンジウムでもう少し白みが強いのはエレガントなミス・ウィルモッツ・ゴースト（*E. giganteum* Miss Wilmott's Ghost）で、草丈90cm程になり、青灰色の花を咲かせます。なにやら幽霊のような雰囲気をまとっているのはシルバーゴースト（*E. giganteum* Silver Ghost）です。

強いインパクトがほしいなら、大きなマレイン（*Verbascum thapsus*）がお勧めです。灰色がかった緑の葉には細かい毛が生えています。草丈2m程になる2年草で、頭頂部に細長い円錐状の黄色い花をつけます。アーティチョークの仲間カルドーン（*Cynara cardunculus* Scolymus group）は食用および薬用ハーブで、オブジェを思わせる立体的な雰囲気をボーダーに添えたい時に向きます。天を指すように直立し、深く切れ込んだ銀色を帯びた葉は75cm程にまで伸びます。頭頂部に大きなアザミ様の花をつけます。

ユーカリ（*Eucalyptus*）も伸ばして巨木にする必要はありません。毎春根元近くまで剪定して新芽を伸ばすようにすれば、低木のまま青緑がかった銀色の大きな葉をつけます。観葉植物としてフラワーアレンジメントにも使えます。

ライムとゴールド

ガーデンに陽光の雰囲気を添えたいなら金色のハーブを植えましょう。有用なハーブの多くが金色を帯びた種類を備えています。ゴールデンセージ（*Salvia officinalis* icterina）は葉

に黄色の斑が入っています。キューゴールドは草丈30cm程とコンパクトな株で葉が金色です。他にもゴールデンマジョラム（*Origanum vulgare* Aureum）、ゴールデンレモンバーム（*Melissa officinalis* Allgold）、ゴールデンフィーバーフュー（*Tanacetum parthenium* Aureum）、レモンタイム（*Thymus x citriodorus* Aureus）などがあります。

　黄色い葉をつけるベイ、オーレア（*Laurus nobilis* Aurea）は剪定すればコンパクトな樹形を保つことができます。ゴールデンエルダーのオーレア（*Sambucus nigra* Aurea）は明るい雰囲気の小木です。ほとんど環境を選ばず育つ元気のよい植物で、かなり刈り込んでも大丈夫なため、必要に応じて低木のままにしておけます。金色の若葉は成熟するにつれライムグリーンになります。薬用ではありませんがとりわけ美しいエルダーがプルモーサ・オーレア（*Sambucus racemosa* Plumosa Aurea）です。細かく切れ込んだ葉を持ち、軽やかな雰囲気です。

　夏中欠かせないのが草本のレディスマントル（*Alchemilla mollis*）です。春になるときれいにひだのついた薄緑色の葉が伸び、次いで長い茎の先に若草色の花が群がるように咲きます。全体的にはライム色のスポットに見えます。

　壁をパッと明るくするライムグリーンのつる植物ならゴールデンホップ（*Humulus lupulus* Aureus）です。これは落葉性で、鋸歯状の葉がつき、シーズンには6m程まで成長します。垂直にひもを張っても自分でうまく巻きつくので、特に結びつけてやる必要はありません。秋になったら地面近くまで切り戻せば、翌春に新芽が伸びてきます。

　黄色い花を咲かせるハーブもたくさんあります。中でも目を引くのが整った草姿の美しいエルサレムセージ（*Phlomis fruticosa*）です。直立性で、丈夫な茎に、細かい毛の生えた灰色みを帯びる葉がつきます。草丈90cm程になり、夏に頭巾に似た黄色い花が輪生状に咲きます。アンジェリカ（*Angelica archangelica*）も淡い緑色のダイナミックな存在感ある草で、大きく力強いアシッドグリーンの花をつけます。

初夏に咲くアンジェリカのライムグリーンの散形花。肩ひじをはらないコッテージのガーデンに、立体的でドラマティックな存在感を醸し出す。

ハーブガーデンの立役者、ベルガモット。盛夏から秋にかけて花を咲かせ続ける。

オレンジ〜赤

　赤とオレンジの情熱的な色が主役のボーダーなら、パープルとブロンズ色の葉物を植えるとさらに絢爛たる感じになります。草丈の低いソフトな雰囲気の茂みならパープルセージのラズベリーロイヤル（*Salvia greggii x lemmonii* Raspberry Royal）を、軽やかで優雅な雰囲気がほしいならブロンズフェンネル（*Foeniculum vulgare* Purpureum）がお勧めです。ブロンズ色のアジュガもグランドカバーに向いています。アジュガのアトロプルプレア（*Ajuga reptans* Atropurpurea）は、サテンのような艶のあるパープルがかった緑色の葉を持っています。バーガンディグロー（*Ajuga reptans* Burgundy Glow）の葉はブロンズと緑、ラズベリー色がいり混ざり、とても目を引きます。アジュガ類は日なたか半日陰の湿った土壌を好みます。

　オーデコロンミント（*Mentha x piperita citrata*）の葉は日に当たると赤みがかったパープルに、日陰ではブロンズ色に見えます。夏にパープルの花を咲かせます。繁殖力旺盛なので、底を抜いたバケツの中に植えて広がりすぎないようにするとよいでしょう。優しいパープル色のバジル、パープルラッフルズ（*Ocimum basilicum* Purple Ruffles）（味は緑色のバジルと同様です）の葉は縮れています。ダークオパール（*O. basilicum* Dark Opal）の葉はほとんど黒に近い色です。

　パープルの花を咲かせるハーブなら、堂々たる存在感のタチアオイ（*Alcea rosea*）があります。ジギタリス（*Digitalis purpurea*）やヨウシュトリカブト（*Aconitum napellus*）（かつては毒矢に用いられました。地域によっては法的規制があります）は毒草ですが、ボーダーに植えるととても映えます。ヨウシュトリカブトは草丈150cm程になり、晩夏にちょっと変わった頭巾状の紺色の花を咲かせます。深く根を伸ばせる日陰の湿った土壌を好みます。

　ハーブの花はあまり目立たないものがほとんどですが、ベルガモット（別名モナルダ）（*Monarda didyma*）は例外です。ベルガモットは耐寒性多年草で草丈90cm程になり、繊毛の生えた槍形の葉をつけます。茎の先端に羽を広げたような不思議な花が咲きます。

　エキナセア（*Echinacea purpurea*）も見応えがあります。草丈150cm程の密な株になり、花期は盛夏から秋、デイジー様の大きな花をつけます。切り花にも向きます。小さめのブライトスター（*Echinacea purpurea* Leuchstern）はパープルがかった赤い花です。

　ロベリア（*Lobelia cardinalis*）は情熱的なボーダーに欠かせない赤い花を咲かせるハーブ。葉と茎がブロンズ色を帯び、深紅の花にはパープルの苞がついています。直立性の多年草で草丈は90cm程、日なたか半日陰の、程よく湿った土壌が必要です。

壁

　ニオイアラセイトウ、リナリア、ウォールジャーマンダー、センペルビブムなど、壁の割れ目のような乾燥した条件の悪い所で元気に育つハーブもあります。花で垂直面を飾るのも一興です。

　古いレンガか石の壁があるなら、垂直面を利用してハーブを育ててみましょう。まずはお勧めなのがスパイスの香りがするニオイアラセイトウ（*Erysimum cheiri*）。新しい品種には、晩冬から夏にかけて花を咲かせるものもあります。とりわけ端麗なのがボールズモーブ（*Erysimum* Bowles Mauve）です。ブルーがかったモーブ色の藤と並べると特に引き立ちますが、日当たりがよい場所に限るので、藤におおわれて影になったりしないように注意を。

　ウォールジャーマンダー（*Teucrium chamaedrys*）は常緑の小低木化する多年草です。オークに似た艶のある葉を持ち、夏と秋にバラ色がかったパープルの筒状花を咲かせます。高山種のリナリア、リナリアアルピナ（*Linaria alpina*）はキンギョソウに似たバイオレットの花が尖塔状に咲きます。時にはソフトな黄、ピンク、白の花をつけることがあります。パープル種のプルプレア（*L. Purpurea*）、ピンク種のロゼア（*L. triornithophora rosea*）もあります。

　レッドバレリアン（*Centranthus ruber*）（薬用バレリアンの*Valeriana officinalis*と混同しないように）は崖や石灰岩層に自生しています。壁でもよく育ち、30cm程の茎に夏を通して花がつきます。こぼれ種からまた次の株が生えます。耐寒性多年草で、無数のピンク、時には赤や白の花房をつけます。

　センペルビブム（*sempervivum*）は多肉植物で葉がロゼット状になります。小さい刺し傷などには葉を摘んですり込むと効きます。夏に星状の小さな花を咲かせます。様々な種類があるので、集めると素敵なコレクションになります。踏むのは禁物ですが、通り道でも元気に育ちますし、古い納屋の屋根に植えると何ともいえない愛嬌を感じさせます。

　条件としては、一日中日当たりがよい、コンクリートではなくて石灰モルタルの壁なら理想的です。割れ目が全くなくモルタルを崩すことも無理なら、穴をあけてしまいましょう。そこに特に水はけのよい石灰質の用土に種を少し混ぜて詰めるか、小さい苗を植えます。根づくまで水気を切らさないように注意を。他に割れ目があればこぼれ種から増えるので、後は特に手をかける必要はありません。

無造作に咲くピンクと白のバレリアンの花。こぼれ種から増え、特に手をかけなくても日当たりのよい壁で元気に群生する。

足元にハーブを植える

タイムとカモミールは敷石のあいだにこんもりと葉を茂らせ、花を咲かせます。多少なら踏んでも大丈夫ですし、通るたびに心地よい香りを漂わせてくれるでしょう。

舗道にぴったりのハーブはマット状に広がるタイムです。葉と花に芳香があり、ミツバチも好んで訪れます。たっぷり日光が当たる水はけのよい土壌に植えれば実に強健に育ちます。多少なら上を歩いても枯れず、踏む度に芳香が漂います。

候補はたくさんありますが、草丈は10cm程で株張りが90cm位のカーペット状に広がる種類がベストでしょう。クリーピングタイムのアニーホール（*Thymus serpyllum* Annie Hall）はパープルの花を咲かせます。ピンクチンツ（*T. serpyllum* Pink Chintz）は灰色の葉にピンクの花がつきます。レインボーフォール（*T. serpyllum* Rainbow Falls）の葉は金色の斑入り、花はモーブ色です。

舗道にタイムを植える際は、根が張れるよう十分な大きさの穴を掘り、すばやく水が切れるようゴロ石と川砂を混ぜた用土を入れます。活着するまでは乾燥させすぎないようにします。

リンゴの香りがするカモミールはタイムよりも丈夫で、相当踏まれても耐えます。舗道にタイム同様の植え方をしても構いませんし、広がらせて芝生状に仕立てるのもよいでしょう。座れば香りが漂います。これに最適なのは花をつけない鮮やかな緑色のノンフラワーカモミール（*Chamaemelum* Treneague）です。ただし、カモミールの芝生を作るには愛情と手間をかける必要があります。一面に茂るまでは絶えず注意して雑草を取らねばならず、芝生状になるのは早くて翌年でしょう。とはいえ、夏に上に寝ころぶと最高の気分になれますし、いったん芝生状になればアフターケアもほとんど不要です。暑い夏の盛り、普通の芝生が茶色になってもカモミールはエメラルドグリーンのままです。ノンフラワーカモミールは花が咲かないので種から育てることができませんが、ローマンカモミール（*C. nobile*）と違って上より横に伸び、成長するのはもっぱら葉のため、刈り込みや細かい世話もさほど必要ありません。

カモミールの芝生を作るには、まず植える場所の雑草と石をきちんと取り除き、レーキで平らにかいてからローラーでならします。次にカモミールの小さい苗を15cm間隔で植えます。翌年になるまで、雑草を取る時以外は踏まないようにして下さい。その後は秋に刈り込む位で維持できます。

グラベルガーデン
（砂利を敷き詰めたガーデン）

庭のメンテナンスを減らす優れた方法として、よく利用されるのが砂利敷きです。そんな場合も、陽光がたっぷり当たる場所ならハーブがぴったり。涼しい石や岩の下で根を伸ばせる野生の環境に似ているからです。これなら芝刈りの手間が不要ですし、ハーブもいったん根づいてしまえばほとんど、または全く水やりがいりません。雑草よけシートを敷いてから厚めに砂利を重ねれば、雑草を抜く必要もありません。ハーブを植える際はシートに十字型の切れ目を入れます。地中海沿岸が原産のハーブなら種類を問わず元気に育つでしょう。

上　グラベルガーデンに植えたタイム・ブレッシンガム（*Thymus doerfleri* Bressingham）とセンペルビブム、ラベンダー。ブレッシンガムは夏にマゼンタの花を一面に咲かせる。

右　無骨な敷石のあいだに植えた常緑のタイムのおかげでやわらかなたたずまいに。周囲に敷いた砂利は保水マルチングの役割を果たすとともに雑草を抑える。

ハーブの植え方

元気でしっかりした株を選んだら、よい土壌や用土、適切な日照、水分、肥料を与えて元気にスタートを切ってもらいましょう。ストレスを与えなければ生き生きと茂って応えてくれます。

株を購入する時の注意

株を購入する際は、形が整ってよく茂ったものを選びます。害虫や病気の兆候がないか、葉の回りもチェックして下さい。よく育った株の場合、多少は根が見えていることもありますが、根詰まりしているのはよくありません。鉢底から根がたくさん出ていたら、すぐに植え替える必要があります。

スーパーマーケットで見かける鉢植えの料理用ハーブは大変人工的な環境で栽培されているのが普通なため、本来の環境でちょっとストレスを受けるだけでも枯れてしまいがちです。しかも大抵はごく小さい薄っぺらなビニールポットに植えられた状態で販売されています。それでも、ちょっと手をかければ苗はちゃんと育ってくれます。まずは鉢を替えて、慎重に慣らしていきます。窓際から始めて日当たりのよい屋外に移し（夜は屋内に取り込みます）、新たな成長のきざしが見え、いかにも軟弱な様子がなくなるまで、徐々に外の環境にさらしていきましょう。

鉢植え

苗を買い求めたら、まずは植え替えをする必要があります。排水用の底穴と、根や新芽をのばせる余裕のあるコンテナを選びましょう。穴が詰まるのを防ぐため、底穴をおおうように鉢片（壊れた鉢のかけら）を敷き、ゴロ石を敷きます。ハーブは水切れの早い環境を好みます。

コンテナ栽培の場合、植物の条件に合わせてバランスよく配合されている市販の培養土を使うのがベストです。これなら殺菌もされているはずです。培養土には土をベースにしたものから土を使っていないものまで様々なタイプがあります。屋外に鉢を置くのであれば、土ベースのものがよいでしょう。主な成分は殺菌済みの腐葉土などで、保肥性と保水性の両方に優れます。土なしタイプは水切れが早いのですが、これは頻繁に肥料と水を与えなければならないということでもあります。土なしタイプ非常に乾燥しやすく、いったん乾ききってしまうとすぐには水を含みません。屋根に置くかハンギングバスケットに仕立てるなど、重さが気になる場合は軽量の土なしタイプがお勧めです。

露地植えの土壌

植物の成長に絶対欠かせない要素が肥沃な生きた土です。良質の土は空気と水を含み、植物と微生物が生息し、植物の栄養を作り出す藻類や菌類、バクテリアで活気にあふれています。ミミズがたくさんいることも良質な土のサインの1つ。または雑草がたくさん生えているのも肥沃さの印です。大抵のハーブはやせた土でも何とか育ちますが、水はけのよい、中性～アルカリ性の有機質の黒土を一番好みます。

どんな用土を使えばよいか

土壌は大きく6つのグループに分けられます。理想的なのが有機質の黒土です。触ると簡単に崩れ、扱いやすく、養分と水分を程よく含みつつ水はけにも優れています。砂質土は目が粗く非常に水はけがよいのですが、養分はあまりありません。チョーク（石灰岩質土壌）はやせた、色が白っぽく

右　視覚的な効果をねらい、群生するように植えられたチャイブ、サントリーナ、花期の長いエキナセア。

土壌のテスト

石灰岩質の土は排水性が非常によい（よすぎる場合も）一方、粘土は粘ついて水はけにも劣ります。手持ちの土壌の排水性をおおまかに知る簡単な方法があります。まず蓋のついた大きなジャムの瓶などにスプーン2〜3杯の土を入れ、水を瓶の4分の3まで入れます。よく振って一晩おき、その結果を見ます。

水はけが悪い粘土質　　平均的な水はけの黒土　　排水が早い砂質

小石混じりの土です。ピート（泥炭）は濃い茶色のスポンジ質の土で、水を含んでベタベタになる傾向があります。シルトは滑らかな手触りで、粘土のように固まり、簡単には崩れません。粘度が高く、温度の上がりにくい土ですが、養分は豊富に含んでいます。ピートやシルト、粘土質土壌は水はけが悪く、ハーブには向きません。手持ちの用土が石灰岩質や粘土質に偏りすぎている場合は、よく発酵させた堆肥を混ぜ込むと土質がよくなります。粘土には小砂利を加えるとよいでしょう。どうしても水はけが悪い場合は土寄せをして地面を高くします。

酸性とアルカリ性

土に含まれている石灰の量で、土が酸性かアルカリ性かが決まります。土の酸度を調べるには、園芸用品店やホームセンターなどで安価に手に入る判定キットを使いましょう。これは1〜14までの尺度で測られるpH試験に基づくもので、7が中性、7より上はアルカリ性、未満は酸性です。ほとんどのハーブは中性からアルカリ性寄りの土を好みます。土が酸性の場合は、ハーブを植える2週間程前に消石灰をまいておきます。動物性堆肥を加えると酸度が高くなりますが、石灰と同時にすき込むのは絶対禁物です。化学反応を起こしてしまうからです。

水はけの改善

水はけの悪い土をうまく使う一番簡単な方法は、土寄せをして地面を高くすること。高さにして30cm程盛り土すれば十分です。レンガや木材などで土どめを作ったら、下の土を細かく砕き、上に良質の黒土を入れます。もう1つ、まず通常より2倍位深く耕してから、下層の土の上にゴロ石を混ぜた土を埋め戻して水はけをよくする方法もあります。よく発酵してふかふかになった堆肥を定期的にたっぷりすき込むようにすると、どんな土質でも驚く位見事に改善されます。

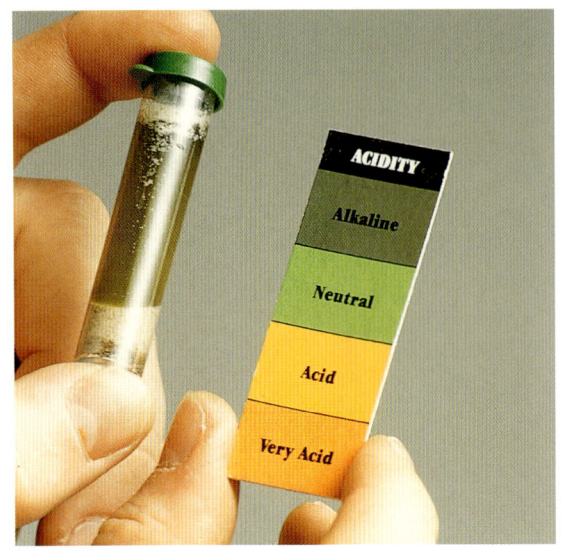

専用の土壌テストキットを使い、土を混ぜた上澄み液を付属のカラーチャートと比べて土壌のpHを調べる。この場合はアルカリ性。

堆肥

よく発酵した堆肥には土に活力をもたらす微生物がたくさん含まれています。堆肥を混ぜると詰まった土に隙間ができ、根に不可欠な酸素が届きます。さらにミミズなどがやってきて土を掘り返せばもっと空気の含みがよくなります。堆肥は排水性と保水性の両方を改善します。できれば堆肥積みをするか、コンポスト容器やミミズコンポストを常備しておくとよいでしょう。堆肥は完全に発酵してから土にすき込みます。年に1回、またはもう少し回数を増やして加えます。

堆肥を作る時間やスペースがない場合は、様々な市販品を使うのも手です。海草肥料は土壌調整効果が高く、土の粒を結びつけて水はけをよくします。キノコ栽培後の廃菌床（ピート、動物性堆肥、石灰質土壌を混合したもの）はアルカリ性でハーブ向きです。土壌の調整効果にも優れます。よく発酵させた馬の廐肥は土壌改善効果が非常に高く、肥料としても抜群です。ただし、やせた土壌に生えるハーブには栄養分が多すぎます。葉がよく茂るかわりに効能が失われがちになります。

ハーブの殖やし方

株を買い求めるとお金がかかります。時間と熱意のある方なら自分で簡単に殖やせますし、殖やす過程そのものも楽しめるでしょう。種から育てると定植や挿し木ができるようになるまでは毎日世話をしなければなりませんが、いったん定着すれば後は水を切らさないように注意するだけです。また、株分けはすぐに結果が目に見えて楽しいものです。

種から育てる

これから何種類もハーブを植えるつもりなら、種から育ててみてはどうでしょう。選択肢も広い上にお金もかかりませんし、満足感もひとしお。特に手をかけなくても簡単に発芽するハーブもあります。レディスマントル、アンジェリカ、マリーゴールド、ディル、フィーバーフュー、フェンネルは、放っておいてもこぼれ種から発芽するのが普通です。春に芽が出たら間引きするだけでOKです。

栽培する予定の場所に直接種をまかなければならないハーブもあります。パセリ、チャービル、コリアンダー、ボリジ、ディルは移植すると早熟の種がついてしまいます。

露地に直まきする

下準備として用地の雑草をきちんと取り、レーキでならして大きな土塊や石を除きましょう。これは苗が芽を出しやすいよう土を細かくし、栽培に適した土壌を作るのが目的です。次にそっと上を歩いて土の表面を落ち着かせます。いくつか例外はありますが、種は土と外気が暖かくなる春にまきます（種のパッケージを確認して下さい）。数週間前からビニールなどで用地をおおっておけば早めに種まきをすることもできます。

種をまく際は、土に穴をあけるか、溝を作り、程よく灌水をして土を湿らせます。種はできるだけ間をあけてまきましょう。小粒の種（ちりのようなものもあります）は細かい砂少々と混ぜるとまきやすくなります。覆土の厚さは種をまいた深さの2倍になるように。小粒の種は、上から市販の培養土少々をごく薄くかぶせます。発芽を早めるにはクローシュでカバーします。いらないペットボトルのキャップを外して底を切ったものや、ワイヤーをアーチ状にしてビニールでおおったミニビニールハウスを自作してもいいでしょう。種を

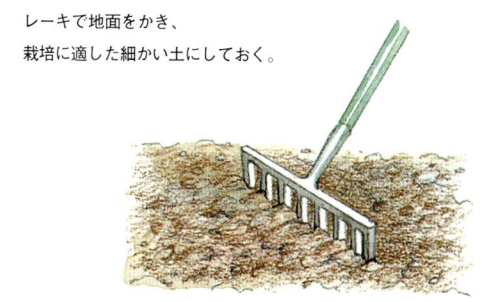

レーキで地面をかき、
栽培に適した細かい土にしておく。

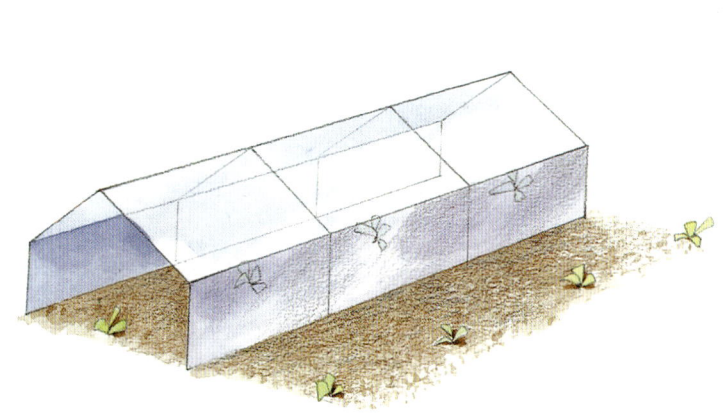

クローシュで種をおおって保護する。

種まき

1年草や、夏を通して収穫するには入れ替えの必要がある利用頻度の高い料理用ハーブは、種から育てる方法が断然便利。

1　育苗トレー（または鉢）に、消毒済みの専用培養土を4分の3まで入れます。木製ブロックなどで表面をならします。

2　細かい散水口のじょうろでそっと水をかけます。または種をまいてから水を張ったトレーにつけ、下から毛管作用によって土に水を吸わせます。

3　種はパッケージの注意にしたがってまばらにまきます。ごく細かい種の場合は砂少々と混ぜましょう。後は注意書き通りに培養土をかぶせます。種の大きさの2倍半位の厚さに覆土するのが大体の目安です。

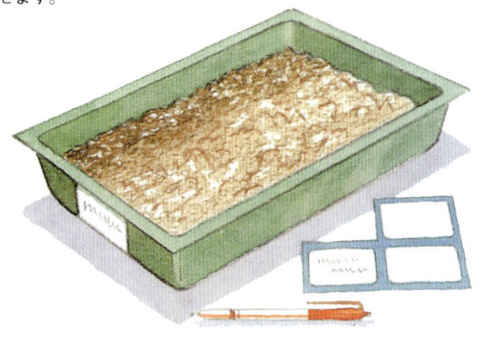

4　苗はどれがどれかわかりにくいので、必ずラベルをつけましょう。

5　ガラスと新聞紙か、黒いビニールで上をおおいます。発芽しているかどうか毎日チェックして下さい。

6　発芽のきざしが見えたらすぐにカバーを取り、直射日光の当たらない明るく暖かな場所に置きます。

まいたら必ず名前を書いた札をさして下さい。もっとそろえず自然に植えたい場合は種をばらまくようにし、石灰か砂で周囲に印をつけておきます。

屋内で床まきする

　屋内で床まきするメリットは、早めにスタートできること。寒い地域で耐寒性のない植物を育てる際は特に便利です。手間も増えますが、成長をコントロールしやすいというメリットがあります。

　清潔な鉢か育苗トレー、殺菌済みの種まき用培養土を使いましょう。土をならしたらたっぷり水を含ませます。種をまいた後は黒いビニールかガラスと新聞紙でおおい、光が入らないようにします。置くのは暖かい場所に。毎日チェックし、発芽したらカバーを外して、直射日光の当たらない明るい所に移しましょう。

　移植できる位に育ったら、鉢植え用用土に植えつけます。

苗の茎は折れやすいので、必ず葉を持って扱います。寒さから保護し、活着するまで夜間は屋内に取り込むようにして徐々に外の環境に慣らしていきます。

株分け

　多年草の多くは株分けで簡単に殖やすことができます。キャットミント、ベルガモット、コンフリー、マジョラム、ヤローは切り分ければすぐに増えます。まず休眠期に葉を刈り込み、慎重に根を掘り上げます。根を引き裂くようにして分けますが、どちらの株にも根と芽がついているように注意を。根の中心が枯れているように見えるケースもあります。この場合は傷んだ部分を切り落とせば植物が元気を盛り返します。根が大きくてからまっている場合は、園芸用フォークを背中合わせにして根の上から地面まで差し込み、てこの要領

多年生植物は株分けで殖やします。園芸用フォーク（または鍬とフォーク）を背中合わせにして根から地面まで差し込みます。

てこの要領で押し開くように切り分け、新たな株を作ります。

苗を移植する際は細い移植ごてを使い、デリケートな苗にはなるべく触れないようにします。扱う時は茎ではなく葉を持って。

ハーブガーデン　39

で押し分けます。硬い部分を鋭いナイフで切り開かねばならない場合もあります。分けた株は改めて植え直しましょう。チャイブなど多くの球根類は小鱗茎をつけます。これらは簡単に取り分けられます。

挿し木、挿し芽

種から育てると時間がかかる低木性ハーブの株を殖やす一番効率的な方法は、挿し木です。ローズマリー、ラベンダー、セージ、ヒソップ、ベイ、サザンウッドは小枝から発根します。

盛夏～晩夏の頃、花の咲いていない元気な若枝を、木部を少しつけて取ります。よく切れるナイフで挿し穂の木部をきれいに切り、下の葉を取り除きます。切り口に発根促進用の粉末ホルモン剤をまぶしてもよいのですが、大抵のハーブは発根促進剤を使わなくても根づきます。

挿し穂は水分を含んだ水はけのよい用土（砂と培養土を半々に混ぜたもの）に挿しますが、この時土に残っている葉の間際まで埋まるようにします。挿し木をしたら、活着したきざしが見られるまでは涼しい日陰に置きましょう。少なくとも1週目は毎日葉に霧吹きで水をかけるか、クローシュまたはビニールでカバーをして下さい。ただしカバーが葉につかないよう注意しなければなりませんし、結露が滴るのを防ぐため、かなり頻繁に外す必要もあります。根腐れをおこすので、湿らせすぎるのも禁物です。普通は1ヶ月以内に根づきます。

ハーブの手入れ

ハーブをうまく管理する秘訣は、「少しずつ頻繁に」。常によく観察して必要なことを見逃さずに行い、ハーブが最高の状態を保てるように心がけましょう。

水やり

いったんガーデンに用意した肥沃な土壌に植えれば、毎日こまめにハーブの世話をする必要はありません。ただし、まだ小さい苗や湿り気を好むタイプ（アンジェリカやミントなど）については、暑い日には水やりをするほうがよいでしょう。ガーデンに露地植えの場合は、頻繁に水まきをするのではなく、たっぷりと、ただし回数は控えめに灌水します。これは根の伸びを促すためです。コンテナ植えの植物はもっと水が必要です。夏期は毎日鉢底から水が出る程度、暑い日ならばハンギングバスケットには1日2回灌水する位のつもり

鉢の周囲に小さな棒を挿し、挿し穂が根づくまでビニールが触れるのを防ぐ。

でいて下さい。
　水やりにベストの時間帯は、涼しくなって水の蒸発量が一番少ない夕方です。

施肥
　夏期の間、原則としてコンテナ植えのハーブには週に１度、料理や化粧品、家庭薬に使いたいハーブには２週間に１度の割合で液肥を与えます。葉が茂りすぎて軟弱な感じになったら（害虫がつきやすくなります）、刈り込みをします。冬期は肥料を与えません。
　液状の海藻肥料は微量元素を豊富に含む優れた専用肥料です。または用土の上に顆粒状の遅効性肥料をまいてもよいでしょう。

雑草取り
　雑草だけでなく芝生も土壌からびっくりする位の栄養素を吸収してしまいます。これを防ぐためだけでも雑草が生えないよう一手間かけましょう。絶対に雑草の種が落ちないようにします。古いことわざにあるように「１年分の種がこぼれると７年間雑草が生えて」しまうからです。チップ状バーク（樹皮）を7.5cm程土壌の上に敷いて厚めのマルチングをすると、雑草を抑制する大変優れた効果があります。これには水やりが少なくて済む、土の構造を改善するなどの効用もあり

ます。雨がたくさん降った後か、十分灌水した後、土が濡れている時にマルチングを行いましょう。キノコ栽培後の廃菌床、堆肥、腐葉土もマルチング材としてお勧めです。

花がら摘み
　ナスタチウムやエキナセア、カモミールなど再度花が咲くハーブは花がらを摘むと花期が伸びます。こうすると種を作るために栄養分が使われなくなるので、より多くの花をつけるのです。こぼれ種から増えすぎる植物も花をつみましょう。

病虫害
　よく観察してすぐに手を打てば病虫害を効果的に防ぐことができます。まずはハーブそれぞれが好む日当たりや土壌、肥料、風雨の当たり具合に注意し、申し分なく元気な状態を保つのが基本です。水切れや雑草の侵食、風通しが悪いなど、ストレスを与えないことも大切。鉢に植えっぱなしで根詰まり状態にするのも禁物です。
　問題は早期に発見を。病虫害を受けている葉があれば、トラブルの兆候が出た時点で取り除くだけでも効果絶大です。病気の株を発見したら、伝染しないように手と道具を消毒し

花がらを取ると咲く花が増え、花期も伸びる。枝枯れを防ぐため、必ず節のすぐ上で切ること。

て下さい。取り除いた部分は焼却するか、束ねて家庭用のごみ袋に入れてから処分しましょう。

新しく手に入れた株は病気にかかっていないかどうかよく観察し、それらしいものがあれば別にしておきます。

害虫には視覚で餌となる植物を探すものもいるので、様々な種類の植物を寄せ植えしてカモフラージュすれば、虫がつきにくくなります。益虫の餌を用意する、生息環境を整えるなどの対策で、生物の多様性をはかるのもお勧めです。

ハーブのトラブルシューター

ハーブは長い間に大小のトゲ、毛、昆虫忌避成分、殺虫成分、虫を混乱させる刺激的な芳香などの身を守る術を身につけています。花も害虫を捕食しに飛んでくる昆虫を引きつけるようにできています。これらの防御機構を持つハーブは、周囲の植物も守ってくれます。

ハーブの多くは益虫である捕食昆虫を引き寄せる素朴な花を咲かせます。昆虫忌避成分を作り出すハーブもあります。サザンウッド（*Artemisia abrotanum*）は昔からサシェに入れられてガやノミよけに使われていました。マグワート（和名オウシュウヨモギ）（*Artemisia vulgaris*）は昆虫忌避効果から、アングロサクソン人に「小虫よけ植物」として知られていました。フレンチマリーゴールド（ポットマリーゴールド（*Calendula officinalis*）と混同しないようにして下さい）の近縁種であるタジェティーズ（和名シオザキソウ）は根からチオフェンという硫黄化合物を分泌し、自分や周囲の植物が線虫の害を受けるのを防ぎます。英語では通称「スティンキングロジャー（悪臭を放つ植物）」とも呼ばれます。

ユリ科、特にガーリック（*Allium sativum*）は強い硫黄臭を発します。害虫はこの臭いを好まず、硫黄臭に混乱します。地中海沿岸原産のラベンダー、ローズマリー、サントリーナは強力なエッセンシャルオイルを周囲に発散するため、ほとんど害虫がつきません。

ハーブの殺虫剤

こういうハーブが持つ昆虫忌避作用を利用する方法の1つは、浸出液を作って他の株にスプレーすること。葉をふたつかみ分位用意し、熱湯を注いでから一晩浸けておきます。翌日これを濾し、石けん水をほんの少したらします。石けん水は葉に液が展着するのを助けます。夜を控えて益虫が引き上げた後、天気のよい穏やかな日の夕方にスプレーしましょう。効果は長続きしませんので、数日後にまた使います。

コンパニオンプランツ

生育をうながしたり、病虫害を防ぐ植物同士（コンパニオンプランツ）を一緒に植える方法は何世紀も前から利用されています。しかし、植物同士の相互作用や、根のレベルで起こることの多い化学反応について本格的な科学的調査が行われ始めたのはごく最近です。ガーリックはバラの黒点病を防いで香りをよくするといわれます。ヤローは他の植物のオイル産生を促して活力をもたらし、チャービルはラディッシュ

デイジー様の鮮やかな色の花を咲かせるマリーゴールドはクサカゲロウやハナアブを引き寄せる。クサカゲロウとハナアブはどちらもアブラムシを捕食して増加を抑制する益虫。

を辛くします。植物の複雑な化学組成や、ある植物が他の植物に与える効果についてはまだ未知の部分が多いようです。

剪定と整枝

剪定には株の形を整えるとともに新たな成長を促す効果もあります。ハーブの多くは繁茂しすぎて草姿が乱れがちなので、外観上の点からも時々枝を整理しなければなりません。根元まで切り戻すほうがよいハーブもありますし、適切な時期に軽く剪定して種ができないようにし、株の寿命を延ばすことも可能です。地中海沿岸が原産のハーブは、整枝しないとひょろ長く木質化してしまいます。

剪定する前に、まずは株全体をぐるりと回って切り方を検討しておくほうがよいでしょう。全体の形を見て、接触または重なり合っている枝や病気の兆候がないかどうかよくチェックします。前もって剪定後のイメージをよく考えておきましょう。必ず用途に適したよく切れる刃物を使って下さい。

低木性ハーブ

温暖な地域では、花が咲いた後に剪定をします。花の後に軽くカットし、株が種を作るのに栄養分を使うのを防ぐのです。そうすれば冬が来る前に体力を取り戻す時間を取れますし、剪定することで、霜のために抑えられる新芽の成長も促されます。寒冷地の場合、思い切った剪定は春が来て気候が穏やかになってから行います。

タイム、ローズマリー、ラベンダーは古枝まで切り戻してしまうとなかなか新芽が出ません。タイムは太い枝をばっさり切ると枯れることがありますが、花の後に軽く整枝するのは効果的です。ラベンダーは春の終わり頃に、古い枝から今年伸びた分を指の長さ程度に残して剪定し、株が木質化するのを防ぎます。ローズマリーの若木は成長するにまかせましょう。ひょろ長く伸びたり傷んだ若枝は春の終わりにカットします。ラベンダーやローズマリーが年数を経てすっかり木質化してしまったら、最後の手段として枝の半分を2分の1の長さに切り戻し、翌年残りの半分の枝を切ってみて下さい。株が若返ります。

バラバラに伸び広がってしまう傾向のあるセージの古株は、根元近くまで切り戻すと大抵回復します。こんな状態になるのを防ぐためにも、若枝の先端を摘み取って分枝と横張りを促しましょう。春に古い木質部までざっと切り戻し、花がしおれたら摘んで下さい。

サントリーナ、カレープラント、銀葉のアルテミシア属(ワームウッド、サザンウッド、マグワート、タラゴン)は時々根元まで切り戻すと元気に茂ります。花が咲く前に蕾を摘めば美しい葉を保てます。春に半分位の大きさに切りましょう。2～3年ごと、または草姿が乱れてきたら地面から数センチ位まで切り戻せば株が若返ります。

盛夏頃になると、ミント、レモンバーム、マジョラムなど料理用ハーブの多くは硬くなってあまりおいしくなくなります。こんな時は思い切って根元まで切り、新芽を収穫できるようにしましょう。ゼラニウム、キャットミント、コンフリー、レディスマントルも同じように扱えます。株が弱ってきたら、地ぎわで切ればまた新芽が出て元気を盛り返します。

バラ

バラの健康状態を保つには、枯れ枝や傷んだ枝、病気の枝を取り除くのが大切です。こすれたり重なり合ったりしている枝も剪定しましょう。若い株を剪定する際は、風通しとバランスのよい、上が開いた杯型に仕立てる目的を頭に置いて形を整えるようにします。立ち枯れを防ぐため、必ず新芽のすぐ上でスパッと斜めに切るようにして下さい。芽は新しく枝を伸ばしたい方向に向いたものを残します。古い株は徒長枝がたくさん伸びていることもあります。これは地面近くまで切り戻しましょう。花がしおれて見苦しいからといって花がらを摘んでしまうとローズヒップができません。秋になったら冬の風で傷みそうな長い枝を短くして整枝し、春に元気回復するのを待ちましょう。

摘芯

摘芯は枝の先端を随時摘んで密に茂らせるテクニックです。こうすると花をつけられず側枝を伸ばすのに栄養分を向けるため、こんもり丸い形や柱状、円錐状に仕立てることができます。

ガーデンに背の高い植物が欲しいなら、ホップやハニーサックルなど成長が早いつる植物がお勧めです。ワンシーズンで背の高いスタンダード型(先の丸いキャンディー型)に仕立てられます。まず支柱を立ててぐらつかないよう地面に固定し、丈夫なワイヤーで作った輪をしっかりと先端に取りつけます。苗を植えたら元気な芽を2本残して残りは摘みます。つるが支柱の先端まで届いたらワイヤーの輪にからませて広げ、刈り込みながら形を整えましょう。すぐにオブジェのような形が出来上がります。

収穫

収穫で一番大切なのはタイミングです。ハーブの収穫は植物の種類や使い方次第で変わる継続的なプロセス。開き始めて間もない申し分なくきれいな花だけを、傷つけないよう注意しながら摘みましょう。収穫は、風味や香りが一番強くなる晴れて乾燥した日の朝に。エッセンシャルオイルは当日中

に蒸散してしまいます。できるだけ乾いた状態が望ましいので、露が消えるまで待ちましょう。

料理用の葉はいつ摘んでもよいのですが、まとめて収穫するなら開花直前、株が一番元気旺盛な時期に。莢や果球は熟して茶色に色づき始めた頃、種が散らばってしまう前に集めます。根は夏の終わりか秋に一番充実します。

ハーブの乾燥

虫がついていたら振り落とし、必要に応じて葉を拭きましょう。早く乾燥させたいので、ハーブは洗いません（根は例外です）。乾くのが早い程質のよいものが得られます。暑い地域では昔から天日乾燥が一般的ですが、この方法だと色褪せてしまいます。涼しい地域なら物置かキッチンの、乾燥して暖かく風通しのよい場所に置いておきましょう。加熱できればなおよいでしょう。温度は23〜26℃がベストです。

ラベンダーのように茎が長く葉が小さいハーブや花は、束にして吊しておきます。ベイの葉や葉が大きいハーブは茎から摘んで乾燥用トレーに広げます。トレーは古いオーブントレーに網をかけるか、通風用の穴を開けたブラウンペーパーでおおって使っても構いません。バラの花弁も同様に扱います。根は洗ってスライスします。根は多少の熱を加えても大丈夫なので、低温にセットしたオーブンで乾かしてもよいでしょう。

乾いてパリパリになったら保存できます。乾燥させたハーブは速やかに劣化するので、なるべく早く光を避けた空気に触れない環境に移します。密閉できる瓶などに入れ、暗所に保存して下さい。

ハーブの保存

ハーブオイルを作る場合は生のハーブを使います。ハーブが完全にオイルに浸るようにして1週間程浸けてから濾し、好みの風味がつくまで同じように繰り返します。ハーブビネガーも同様にして作れますが、酢はオイルより早く風味を吸収します。ドライハーブの枝をビネガーに加えると見た目も楽しい上、そのままずっと入れておけます。ビネガーとは異なり、ガーリックを浸けたオイルは長持ちしませんし、ボツリヌス中毒の恐れもあります。必要に応じて作り、すぐに使い切って残りは処分して下さい。

冷凍保存も優れた方法で、料理用ハーブならどんなものにでも応用できますし、いつでも使えるようにしておけます。特にバジル、パセリ、チャイブ、ミントなど乾燥させると香りが失われるハーブにはお勧めです。刻んでから少量の水とともに製氷皿で凍らせましょう。後はビニール袋に移して冷凍室で保存します。冷たい飲みものを背の高いグラスに注ぎ、ハーブの葉を1枚入れて凍らせたアイスキューブを添えれば、最高にエレガントなドリンクになるでしょう。

上　ポプリや風味づけに使うドライフラワーをたっぷりと収穫。茎の長いハーブは風通しのよいところに吊して乾燥させるのがベスト。香りや風味が失われないよう保存は暗所に。

右　ハーブオイルやビネガーは、季節を問わず陽光に満ちた地中海風の風味を料理に添える。プレゼントにもぴったり。

ハーブガーデン 45

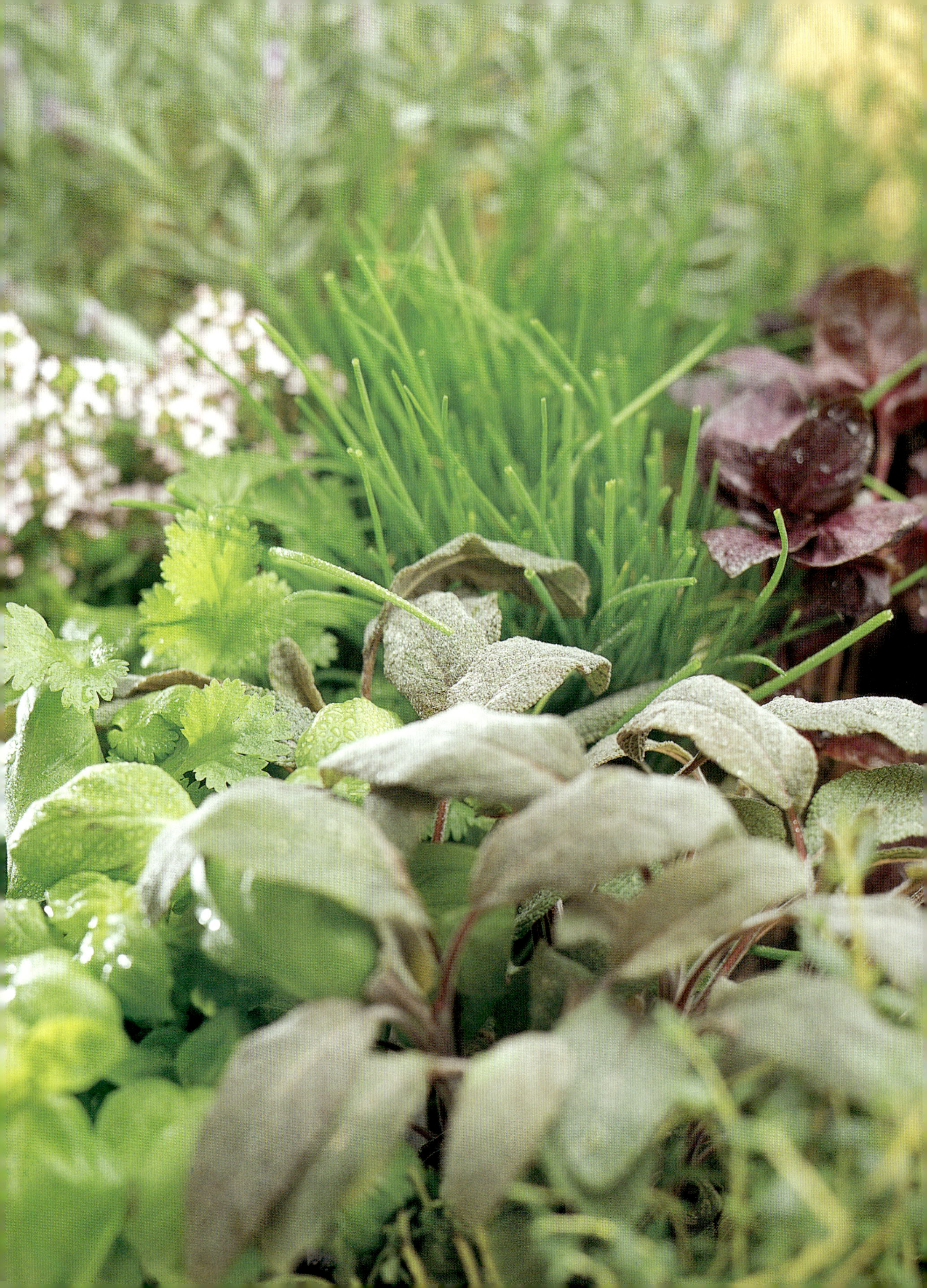

ハーブ図鑑

　ハーブ図鑑は55のハーブを取り上げ、学名でアルファベット順に並べてあります。通称も添えましたが、多くの植物は地域ごとに異なる通称を持っているため、混乱につながることがよくあります。たとえば*Calendula officinalis*（学名）は北米でポットマリーゴールドと呼ばれますが、他の地域では単にマリーゴールドと称されます。フィーバーフューにはフェザーフューの名もあります。しかし*Chrysanthemum parthenium*という学名は世界共通です。

　ハーブ図鑑では、それぞれのハーブの学名と通称両方に関する詳しい由来、原産地と生育環境を説明します。ガーデニングの秘訣やそのハーブ特有の属性、化粧品・料理用・薬用としての有用性についても載せました。後の章では、これらの用途に向く最も一般的で重要なハーブについてより詳細に取り上げていきます。

ハーブ図鑑

- *Achillea millefolium* —— ヤロー
- *Alchemilla vulgaris* —— レディスマントル
- *Allium satium* —— ガーリック
- *Allium schoenoprasum* —— チャイブ
- *Aloe barbadensis* —— アロエベラ
- *Aloysia triphylla* —— レモンバーベナ（ベルベーヌ）
- *Althaea officinalis* —— マーシュマロウ
- *Anethum graveolens* —— ディル
- *Angelica archangelica* —— アンジェリカ
- *Anthemis nobilis* —— ローマンカモミール
- *Anthriscus cerefolium* —— チャービル
- *Arnica montana* —— アルニカ
- *Artemisia abrotanum* —— サザンウッド
- *Artemisia dracunculus* —— タラゴン
- *Borago officinalis* —— ボリジ
- *Calendula officinalis* —— ポットマリーゴールド（カレンデュラ）
- *Carum carvi* —— キャラウェイ
- *Chrysanthemum parthenium* —— フィーバーフュー
- *Coriandrum sativum* —— コリアンダー
- *Crataegus laevigata* —— ホーソン
- *Echinacea* —— エキナセア
- *Foeniculum vulgare* —— フェンネル
- *Ginkgo biloba* —— イチョウ
- *Glycyrrhiza glabra* —— リコリス
- *Hypericum perforatum* —— セントジョーンズウォート
- *Hyssopus officinalis* —— ヒソップ
- *Iris germanica* —— オリスルート
- *Jasminum officinalis* —— ジャスミン
- *Laurus nobilis* —— ベイ
- *Lavandula angustifolia* —— ラベンダー
- *Melissa officinalis* —— レモンバーム（メリッサ）
- *Mentha* —— ミント
- *Monarda didyma* —— ベルガモット（タイマツバナ）
- *Myrrhis odorata* —— スイートシスリー
- *Nepeta cataria* —— キャットミント
- *Oenothera biennis* —— イブニングプリムローズ（月見草）
- *Ocimum basilicum* —— スイートバジル
- *Origanum vulgare* —— オレガノ
- *Origanum majorana* —— マジョラム
- *Panax ginseng* —— 朝鮮人参
- *Pelargonium* —— センテッドゼラニウム
- *Petroselinum crispum* —— パセリ
- *Piper methysticum* —— カバカバ
- *Rosa* —— バラ
- *Rosmarinus officinalis* —— ローズマリー
- *Salvia officinalis* —— セージ
- *Salvia sclarea* —— クラリセージ
- *Sambucus nigra* —— エルダー
- *Serenoa repens* —— ノコギリヤシ（ソウパルメット）
- *Silybum marianum* —— ミルクシスル（マリアアザミ）
- *Symphytum officinale* —— コンフリー
- *Thymus vulgaris* —— タイム
- *Trigonella foenum-graecum* —— フェネグリーク
- *Valeriana officinalis* —— バレリアン
- *Zingiber officinale* —— ジンジャー

ヤロー（セイヨウノコギリソウ）
Achillea millefolium

コモンヤローは耐寒性多年草でヨーロッパ原産です。野原や生け垣回りに雑草として繁茂します。背の低い這性のものから、草丈60cm程になるたくましげな株まで様々な種類があります。白く小さい5弁の散房状花を皿形につけます。ピンクヤロー（*A. millefolium* v. *rosea*）とイエローヤロー（*A. filipendulina*）はそれぞれクリームがかったピンク色と明るい黄色の花を咲かせます。

■歴史

属名はトロイ戦争で味方の兵士の傷を癒すのにこのハーブを使ったというギリシャの英雄アキレスの名に由来します。ハーバミリタリス（「軍のハーブ」の意）、ナイツミルフォイル、ブラッドウォート、ストーンチウィードなどの英名もあります。

■特徴

葉は長さ約10cmで濃緑色、柔らかな羽状です。茎は淡い緑で筋が入っています。初夏から晩秋にかけて花が咲きます。

■栽培

日当たりのよい場所を好みますが、日陰でも育ちます。土壌を選ばず栽培も容易で、やせた土でも大丈夫です。根を分ける株分けで殖やします。

■利用法

摘みたての葉はサラダに。かすかな辛味と豊かな芳香があります。葉とつぶした花から作る浸出液やクレンジングは治癒促進作用を持ち、特に皮膚のトラブルによく使われます。他のハーブと組み合わせて、ディープクレンジング用のスチームトリートメントやフェイスパックに使うと効果があります。頭のかゆみやオイリーヘアなど頭皮のトリートメントにも。

薬用としては、花を含む地上部分を乾燥させたものを使います。尿路感染症には優れた殺菌効果を発揮し、下痢にも効きます。食欲増進作用もあります。

■使用量

1日2回チンキ液を15〜20滴服用します。

ハーブ図鑑

レディスマントル（ハゴロモグサ）
Alchemilla vulgaris

ひだのついた葉を持ち、ライム色の花を咲かせる魅力的で有用なレディスマントルはボーダーで活躍します。花はフラワーアレンジメントに使っても映えます。中世時代には、薬用効果に加えて魔力もあると考えられていました。アルケミラモリス（*A. mollis*）はヨーロッパ、アジア、アメリカ大陸の各山岳地帯に自生する種です。様々な条件下でも育ってくれます。

■歴史

属名はアラビア語で「不思議な小さいもの」を意味する*Alchemych*に由来します。これは葉に雨や露の玉のような滴がたまることから名づけられました。*mollis*は「柔らかな産毛が生えている」という意味です。中世には若さを保つ効果があるとされ、女性特有の症状に処方されました。ひだのある葉は小さなマントのようで、聖母マリアとも関連づけられるようになり、「我らがレディのマント」、すなわちレディスマントルという名がつきました。

■特徴

レディスマントルは耐寒性多年草で、大株になります。葉は丸く縁は鋸歯状で、柔らかく、細かな毛が生えています。色は青みがかった緑〜ライム色です。枝分かれした茎に小さな黄〜ライム色の花を無数に咲かせます。草丈は60cm、株張りは30cm程です。

■栽培

すぐに増えるので小さな苗を買い求めてもよいでしょう。秋か春に育苗トレーに種（とても小さい種です）をまき、霜が降りる恐れがなくなってから植えつけることもできます。花の後に思い切って切り戻すと、新たに緑の葉が出てまた花が咲きます。

■利用法

葉の汁には収れん作用があるので、オイリー肌のトニックに。ドライ肌をいたわるクリームに浸出液を加えてもよいでしょう。浸出液をトナーとして使えば軽い感染症や日焼け・風焼けによる肌の炎症を鎮めます。マイルドな美白効果があるほか、お湯に浸した葉を顔につければシワを減らす効果が期待できます。

薬用としては、昔から更年期障害の治療に使われています。この効果はレディスマントルの自然な収れん作用によるもので、不正出血のコントロールに役立ちます。内服すると月経過多や月経不順の緩和を助けます。外用では帯下の治療に有効です。

■使用量

1日2回流エキス剤を20滴服用します。

ガーリック（ニンニク）
Allium satium

ユリ科に属するガーリックは料理に欠かせない風味を持ち、ヨーロッパ、中東、アジア、アフリカ、西インド諸島、メキシコ、北米や南米といたるところで使われています。原産はアジアで、暖かい地域で広く栽培されますが、涼しい地域で育てると風味を最大限に引き出すことができません。

■ 歴史

ガーリックは薬用および風味づけとして少なくとも5000年前から利用され、古代エジプト時代より地中海沿岸で栽培されています。アングロサクソン人もガーリックを栽培していました。ガーリックの名前をつけたのもアングロサクソン人です。英語ではgarlicといいますが、古代英語でgarは「槍」、leacが「ニラネギ」を意味します。

■ 特徴

真っ直ぐに伸びた硬い茎の上にピンクか白の頭状花が咲き、草丈は60cm程になります。球茎は、紙のような薄皮に包まれたいくつかの小鱗茎からなり、小鱗茎は白かピンク、パープル色を帯びています。小鱗茎の大きさや数、風味は種類や栽培地の気候によって異なります。

■ 栽培

生育には水はけと日当たりのよい土壌がベストです。秋か早春に小鱗茎を植えると夏に成熟します。植えつけの際は20cmの間隔を取って深さ2.5cmに。成分バランスのよい元肥を与えておくと元気に育ち始めます。

■ 利用法

ガーリックは肉や魚、野菜、サラダドレッシング、ソース、卵料理などの味を引き立てます。生の絞り汁も美容によく、殺菌効果と治癒効果に優れます。ガーリック、ミツロウ、ハチミツを同量ずつ混ぜた軟膏は育毛に効果があるとされます。

ガーリックオイルは薬用として、肺の感染症を防ぐのに役立ちます。肺炎、気管支炎、喘息の治療後は、毎日ガーリックを摂取して再発を防ぎましょう。コレステロール沈着による心臓病のリスクも、ガーリック摂取を習慣にすると軽減できます。ガーリックには強力な抗菌作用もあるので、直接感染部位につけてもよいでしょう。治りにくい真菌感染症もガーリックを塗ると効果が期待できます。最近の調査によってガーリックに抗ガン成分が含まれている可能性が示唆されていますが、これについてはさらなる研究が待たれます。

■ 使用量

ガーリックのカプセルを食事と一緒に1日2～3個、またはチンキ液を1日当たり小さじ1～2杯服用します。できれば無臭加工のものは避けて下さい。

チャイブ（セイヨウアサツキ）
Allium schoenoprasum

チャイブはユリ科に属し、球茎から葉茎が伸びます。原産地は北ヨーロッパで、現地で自生している場合もあります。北米の温暖な地域でもよく育ちます。葉には繊細なネギの香りがあり、料理に広く使われますが、特に卵やチーズを用いる料理に利用されます。

■歴史

中世、チャイブは「ラッシュリーキ」と呼ばれていました。種名はギリシャ語で「イグサ（rush）」を意味する*schoinos*と「ニラネギ（leek）」を意味する*prason*を合わせた言葉に由来します。古代から使われ、16世紀から栽培されるようになりました。

■特徴

チャイブは大株になり、アサツキに似た、断面が丸く中空の葉は22.5cm程になります。*A. sibiricum*など、37.5cm位まで伸びる種もあります。花茎は硬くなめらかで真っ直ぐに伸び、色は葉と同様の鮮やかな濃緑色です。盛夏に濃いモーブかピンク色の丸い花が2ヶ月間咲きます。

■栽培

半日陰を好み、湿り気のある水はけのよい土壌でよく育ちますが、終日日光が当たる環境でも大丈夫です。種は春の終わりか夏の終わりにまきます。大株を春の半ば頃に株分けして殖やしてもよいでしょう。鉢植えでも大変よく育つので、キッチンの窓際ガーデンにも向きます。

■利用法

チャイブはナイフよりハサミで切るほうが簡単です。ハサミで細かく切って加えれば、スクランブルエッグからチーズスフレまで、様々な料理に軽いネギの風味を添えることができます。

薬効としては、ビタミンCと鉄分が豊富に含まれています。このため栄養価が高く、造血にとてもよいと考えられています。

チャイブには穏やかな食欲増進作用があるほか、消化促進にも使われます。

■使用量

1日当たり大きめの葉1本全体を食べます。

アロエベラ
Aloe barbadensis

アロエベラは温暖な地方でしか露地植えできませんが、寒冷地なら室内の鉢植えにすればトゲのある草姿が映えますし、手をかけなくても元気に育ちます。アロエベラは古代エジプト時代から重要な薬用ハーブでした。原産地は地中海沿岸とカボヴェルデ諸島、カナリア諸島です。現在はカリブ海域と南米などにも分布しています。

■歴史
アロエの属名はギリシャ語とヘブライ語で「苦い」という意味の*allal*に由来します。アロエは南アフリカでの元々の呼び名でもあり、ベラは「真の」という意味です。古代エジプト人は死体の防腐処置にアロエベラを用いました。イエス・キリストは「ユダヤ人が埋葬される際の常として」「没薬とアロエ」に浸したリネンでくるまれました（「ヨハネによる福音書」19:39-40）。アリストテレスはアロエベラを非常に珍重し、当時知られていた唯一の生育地、アラビア沖のソコトラ島を征服するようアレキサンダー大王に願った程でした。ヨーロッパには10世紀に伝わりました。

■特徴
アロエベラは非耐寒性多年草で大株になります。先のとがった多汁質の葉はロゼット状に伸び広がり、色は灰色またはオリーブ色がかった緑です。縁にそってクリーム色のトゲがついています。黄色いベル型の、燭台にも似た円錐花序の花が通年咲きます。高さは60〜90cm程になります。

■栽培
10℃以上の気温がないと枯れてしまいますが、寒冷地では加温しない温室かサンルームで十分育つでしょう。根元から出る子株を取って殖やします。取った子株は1日乾かし、粗砂を混ぜた特に水はけのよい用土に植えつけます。根づくまで暖かい場所に置いて下さい。夏に根元から出る芽は、親株の形が乱れるので取って下さい。もちろん取った芽を利用することもできます。春に液肥を施します。水やりは土が乾いてから。冬期は潅水しません。暑い地域では屋外の日当たりのよい場所か半日陰に置きましょう（法的規制がある国もあります）。

■利用法
薬効としてはドライ肌にジェル状の部分を塗ると優れた保湿作用があります。特に湿疹に効きます。これは軽い火傷の治療にも使えます。ジェルを内服すれば消化不良と腸の炎症を軽減するのに役立ちます。ただし緩下作用があるので胃が弱い人は注意して下さい。

■使用量
1日2回汁を大さじ1杯内服します。または必要に応じて皮膚に塗って下さい。

■注意
妊娠中の内服は避けます。

レモンバーベナ
Aloysia triphylla

香草の中でも特に好かれるレモンバーベナ。夕方に最も香る、強い柑橘系の芳香があります。南米原産で、暑い地域では大きくなり、草丈150cm、株張りも同じ位になります。日当たりのよいボーダーの背景によいハーブです。

■ 歴史
レモンバーベナはスペイン人によってヨーロッパにもたらされました。香水用の香油の原料としても用いられました。

■ 特徴
木質の茎は丈夫で角張っています。草丈150cmに達する上、数多く枝分かれするため、株が幅広く茂ります。先のとがった長楕円形の葉は淡い緑色で長さ10cm、幅は1cm程です。夏の終わり頃、茎にそって群がるように淡いパープルの花が咲きます。

■ 栽培
多年性の落葉低木で、4℃までなら耐えられます。したがって寒冷地の場合、冬期は低温対策が必要です。種から育てることもできますし、7月に挿し穂を取って砂地に挿し、直射日光や風の当たらない所に置いておけば発根します。成長をコントロールし、枯れた枝を取り除くため、春に剪定します。

■ 利用法
強い柑橘系の芳香を持つので、肉・鳥肉・魚料理のスタッフィング（詰めもの）や魚料理、ソース、フルーツサラダ、フルーツのシロップ煮、ソフトドリンク、クリーム菓子などの風味づけに使われます。東南アジアではレモングラスの代用として料理に使うこともあります。レモンバーベナから作られるレモン様芳香のエッセンシャルオイルはオイリー肌用の化粧品に用いられるほか、香料にも広く使われています。炎症を起こす場合があるので、エッセンシャルオイルで肌につけるものを作る際は注意が必要です。花と葉そのものならさほど刺激はありませんが、バスバッグやポプリにするとよいでしょう。
薬効としては、乾燥させた葉で作ったハーブティーを飲めば吐き気と鼓腸の軽減に役立つほか、神経過敏を鎮める、動悸を緩和するなどの効果があります。

■ 使用量
1日当たりレモンバーベナのハーブティーを2～3杯飲みます。

マーシュマロウ（ウスベニタチアオイ）
Althaea officinalis

マーシュマロウはアオイ科に属し、小さいながらも美しい花が直接主茎から咲きます。ヨーロッパ全土、オーストラリア、アジア、北米東部で栽培されています。根、茎、葉のおよそ30％を構成する粘液成分はマシュマロ菓子を作るのに利用されていました。

■歴史
古代からマーシュマロウの薬効は知られていました。マロウは紀元前2世紀の本草書に取り上げられ、紀元6世紀の本には図版も含められています。

■特徴
草丈120cm、株張りは45cm程になります。長く先細りの根は多肉質でクリーム色、ややパースニップに似ています。鮮やかな緑色の葉はハート形で、不規則に鋸状の切れ込みが入っています。また黄色がかった緑の葉脈が浮き出しており、両面にベルベットのような繊毛が生えています。5弁花は皿形で、色は白かピンク。夏の終わり頃に咲きますが、香りはありません。

■栽培
湿った環境を好み、湿地に自生していることもあります。多年草で、春に種を露地に直まきして育ててもよいですし、秋に株分けして殖やすこともできます。特に乾燥する夏は水分を切らさないことが大切です。

■利用法
若葉と芽は刻んでサラダやスープに添えます。根は湯通ししてからバター炒めに。

きれいに洗って刻んだ根を浸出させるととろみのあるローションができます。疲れ目にはリント布に含ませてあてるとよいでしょう。葉と花の浸出液は肌に穏やかで、肌を柔らかくする効果と殺菌効果があります。クリームやローションに混ぜて肌のトラブルに。抜け毛を防ぐヘアコンディショナーとしても効果的です。

マーシュマロウは風邪や肺感染症の治療薬としてよく使われています。鎮静作用があるので、消化管や大腸の炎症、特に結腸炎のような症状に効果的です。リコリス（カンゾウ）と組み合わせるととても効果的な抗潰瘍薬になります。喘息や気管支炎にもよく効いたと報告されています。

■使用量
食後に乾燥エキスを2〜3錠（100mg）服用します。

ディル（ヒメウイキョウ）
Anethum graveolens

　耐寒性1年草のディルは南ヨーロッパと西アジア原産で、はるか昔から使われていた様子が記録に残っています。多くのセリ科植物の例に漏れず、ディルは種と羽のような葉の2つの部位が料理に使われます。乾燥させた葉はディルウィード（草）と混乱を招きそうな名前で呼ばれています。

■ 歴史
　ディルは古代エジプトとローマの医師が薬として用いていました。北ヨーロッパにディルをもたらしたのも実はローマ人でした。その後数世紀のあいだ省みられなかったディルですが、中世になって再び見直され、特にノルウェーやスウェーデンなど北欧で広く使われるようになりました。

■ 特徴
　草丈30cm、株張り30cm程になります。中空で滑らかな緑色の茎は上で分枝し、平たく広がる散形花序の花をつけます。花は鮮やかな黄色で盛夏に咲きます。葉は濃緑色で非常に細かく分かれた羽状、味はパセリに似ています。平らな長円形の種は薄黄緑色、やや強い苦みがあります。

■ 栽培
　ディルは種からも容易に育ちます。まきどきは晩春か初夏です。やせぎみで水はけがよく、日当たりのよい土壌を好みます。移植を嫌うので栽培予定場所に直接種をまいて下さい。フェンネルがそばにあると花粉交配の可能性があります。

■ 利用法
　生葉はサラダや魚料理、魚に添えるソースに使います。
　薬用としては疝痛や腹部にたまったガスによる痛みの緩和にとても効果的です。種のディルシードから作るディルウォーターは現在も欧米では薬局などで購入でき、穏やかに腹部の不調を鎮める作用から、何世代にも渡って子供の消化系トラブルに役立てられてきました。

■ 使用量
　お腹にたまったガスの排出には、ディル水（おなかのガス抜きとして）を小さじ1〜2杯飲めば大抵は十分です。

アンジェリカ
Angelica archangelica (polymorpha)

さわやかな薄緑色の存在感ある（2.4m程になります）ハーブで、ボーダーに植えると見応えがあります。リキュールの香りづけにも使われます。茎は砂糖漬けに、葉は北欧では野菜として食用にされます。*A. atropurpurea*は外観が似ています。一方チャイニーズアンジェリカ（当帰）（*A. polymorpha var. sinensis*）は中国医学で最も重要な薬草の1つです。

■歴史

*Angelica archangelica*という学名は、ギリシャ語で「メッセンジャー」という意味の*angelos*に由来するとされます。邪悪から身を守り、強力なヒーリングパワーを持つと考えられていたため、「天使のハーブ」として知られるようになりました。

■特徴

耐寒性2年草または短命の多年草で、直立性の茎と羽状に分かれた葉を備えています。夏の終わり頃に淡い緑色をした散形花序の花が咲き、切り欠きの入った長円形の種がつきます。益虫に好まれるハーブでもあります。

■栽培

*Angelica archangelica*は、日当たりがよい、または半日陰の肥沃な湿った土壌を好みます。秋か春に種をまいて殖やすことができます。こぼれ種からも次々に芽が出ます。根を薬用にするなら花芽は摘みましょう。当帰と呼ばれる*A. polymorpha var. sinensis*は商業作物として栽培されています。

■利用法

甘いムスクの香りがするアンジェリカのエッセンシャルオイルは広く香水やオードトワレ、コロンに利用されています。石けんやバスオイルに加えてもよいでしょう。リラックス効果があり、香りもよいので、バスタブやフットバスのお湯に数滴たらすのもお勧めです。

薬効としては、血液と体液の循環を促進する効果があるようです。生理痛や体液うっ滞の緩和に一番効果的なのは何といってもアンジェリカでしょう。胃の不調、胃潰瘍、偏頭痛の軽減に使うこともできます。

■使用量

1日2〜3回、茎・根・葉で作ったチンキ液を20滴、または乾燥ハーブ200mgを含むカプセルを1日1粒服用します。

■注意

妊娠中は使用を避けます。大量摂取すると血圧が不安定になります。アンジェリカにはフロクマリンという物質が含まれているため、光に過敏になり、皮膚に炎症を起こす人もいます。

カモミール
Anthemis nobilis

リンゴの香りがあるキク科の多年草で、ハーブの中でも愛らしさは抜群。ローマンカモミールの名で知られる背が低いタイプもあります。こちらは優れたグランドカバーになり、緑の葉とデイジーに似た白い花があやなす芝生に仕立てられます。

■歴史
古代エジプト人はカモミールを発熱・悪寒の治療薬に使ったといわれます。中世には原産地の南ヨーロッパに限らず、北ヨーロッパ全域でも広く用いられるようになりました。ジョン・ジェラードとニコラス・カルペパー両方の本草書にも薬用ハーブとして記載されています。

■特徴
草丈は30cm程になります。繊維状の根を浅く張り、繊毛でおおわれた緑色の茎が分枝します。葉は細かく切れ込みが入った羽状で、こぢんまりとした花はクリームがかった白色、黄色い中心部は円錐状に盛り上がっています。

■栽培
ランナー（地上をはって節から根と葉を出して繁殖する茎）を分けると容易に育てられます。ランナーは早春に植えつけます。種から殖やすことも可能で、こぼれ種からもよく発芽します。日当たりのよい肥沃で湿った土壌を好みますが、やせて水はけのよい土地でも何とか生育します。ノンフラワータイプのTreneague種もあり、芝生として植えるのを好む人もいます。

■利用法
料理には全く使えませんが、他の利用法によって十二分にカバーできます。カモミールの浸出液は非常にマイルドで、ドライ肌とノーマル肌に使えます。極めて穏やかな収れん作用と治癒促進作用もあり、クレンジングやコンディショナー、フェイスパックのほか、年齢・肌質を問わずトラブル肌をトリートメントするフェイシャルスチームにも使うことができます。昔から金髪に艶を与えてコンディションを整えるリンスや、金髪にするカラーリング剤としても使われています。軽いフローラルな香りのエッセンシャルオイルはドライ肌用のクリームやローションに、また鎮痛・治癒促進作用からバスオイルにも用いられます。
薬用としては、頭状花の部分を軽い吐き気から嘔吐まで消化器系のトラブルに幅広く使います。内臓を包む平滑筋のけいれんを緩和する作用があるため、生理痛などの腹痛にも効果があります。

■使用量
1日2回チンキ液を15〜20滴服用します。またはカモミールティーを1日2〜3杯飲んでもよいでしょう。

チャービル
Anthriscus cerefolium

　フィーヌゼルブはフランス料理に使われるハーブのみじん切りのこと。チャービルは、チャイブ、パセリ、タラゴンとともにフィーヌゼルブに使われるハーブの1つ。ラヴィゴットソースにも用いられるほか、タラゴンと合わせてベシャメルソースなどのクリーミーなソースの風味づけにも利用されます。耐寒性1年草で栽培も簡単ですが、すぐに種ができてしまいます。

■歴史
　原産地は中東、南ロシア、コーカサス地方です。北ヨーロッパに持ち込んだのはまず間違いなくローマ人だと考えられます。チャービルは料理用ハーブのスタンダードになっています。

■特徴
　セリ科に属し、パセリとは近縁種です。草丈52cm、株張り20cm程になります。薄緑色の平らでレース状の葉をつけます。葉にはわずかにアニスに似た芳香があり、株が成熟するにしたがって赤みがかった茶色になります。花期は盛夏で、散形花序の白く小さい花をつけます。

■栽培
　種から容易に育ちます。早春か夏の終わり頃、栽培するつもりの場所に直まきして下さい。桶型コンテナかウィンドウボックスならベストです。時期をずらして種をまけば冬まで十分収穫できるでしょう。湿った日陰を好みますので、たっぷり水を与えます。

■利用法
　葉の香りは速やかに失われるため、盛りつける直前に料理に加えるのがベストです。柔らかくしたバターに刻んだチャービルを加えて肉や鳥肉のグリル焼きに添える、クリームスープに散らして香りも楽しむ、卵＆チーズの料理に混ぜるなどの使い方もお勧めです。

　葉の浸出液はアストリンゼントになります。また抽出液はトニック効果のある化粧水に。血色の悪い肌には特に効果的です。クレンジングやスキンコンディショナーに浸出液を加えれば、シワを薄くします。

　薬用としては、花が咲く前の葉を消化不良などのトラブルに用います。温パップにして関節の痛みにも。ただし、現在はあまり薬として利用されていません。

ハーブ図鑑

アルニカ
Arnica montana

デイジーに似た鮮やかな黄色の花が夏中次々と咲くので、ボーダーやロックガーデン（自然の岩山のように仕立てたガーデン）に植えると映えます。聖書の時代から薬用として使われているハーブです。*Arnica montana* はヨーロッパのアルプス山麓やカナダ、北米で自生しているのが見られます。野生では数が減っているので、保護されている国もあります。

■歴史
古代ギリシャ語で「子羊の皮」を意味する *arnakis*（葉の柔らかな手触りが似ているため）か、「くしゃみ」を意味する *ptarmikos*（アルニカはくしゃみを起こす作用があります）が名前の由来だと考えられます。アルニカの葉と根が喫煙されていたことから、「マウンテンタバコ」の名もよく知られています。皇帝フェルディナントⅠ世の侍医だったピエトロ・アンドレア・マッティオリは、1544年に著した薬草に関する大著『*Commentarii*』でアルニカの利用を勧めています。これは16世紀以降、オーストリアとドイツで大変好評を博しました。ゲーテ（1749〜1832）は晩年になって狭心症の緩和にアルニカを用いたといわれます。アメリカ先住民は筋肉の痛みや捻挫、挫傷の治療に使いました。

■特徴
耐寒性の高い多年草で、根茎を持ちます。草丈60cm、株張り15cm程になります。根生葉はロゼット状、柔らかい毛が生えた長さ5〜17.5cm位の卵形薄緑色の葉を備えます。金色がかった黄色のデイジーに似た花には香りがあり、直径5cm程で、夏を通して咲き続けます。

■栽培
高山性なので、涼しい気候と、日当たりがよく腐植質に富む、速やかに水が切れる砂質の土壌が必要です。種から発芽するのには2年もかかります。繁殖法としては、容易に分けられる根茎から育てるのが一番簡単でしょう（米国ではアルニカに関して法的規制があります）。

■利用法
アルニカは薬用として非常に優れ、治癒プロセスを早めます。打撲傷や切り傷、擦り傷はいずれもアルニカのクリームが大変よく効きます。スポーツ傷害も、早めにアルニカの薬を使えば速やかに改善します。

最近の研究では、内服は避けたほうがよいという結果が示唆されています。米国では内服は危険と定められましたが、有資格の医師の監督の下に短期間内服するのであれば、ある種の心臓病のコントロールに役立つと考えられます。

■使用量
内服は必ず専門家の指導の下に行わねばなりませんが、アルニカのホメオパシー薬は極めて安全と考えられます。クリームなら部位を問わず塗布しても安全です。

■注意
妊娠中は使用を避けます。多量に服用すると生命の危険があることが証明されていますので、専門家の指導下で利用するのでない限り、絶対に内服してはいけません。

サザンウッド
Artemisia abrotanum

「ラッズラブ」「オールドマン」などの楽しい通称を持つサザンウッドは密に茂る低木性のハーブです。視覚的な美しさと強力な芳香を持つ植物として多くのコテージガーデンやボーダーに植えられており、ミツバチが嫌うともいわれます。フランスではガを防ぐ目的で洋服ダンスに入れるため、ギャルドローブ（元々は「衣類を保持する」の意）と呼ばれました。

■ 歴史
ディオスコリデスは、サザンウッドの葉が非常に細かいことから「髪が植え込まれている」ように見えると描写しました。一方カルペパーは著書の本草書で頭部の脱毛を直す力があると記し、サザンウッドの灰とサラダオイルを混ぜたペーストを頭か顔にすり込むと発毛を促すとして勧めています。

■ 特徴
草丈90cm、株張り60cm程にまでなります。木質の茎からは分枝する柔らかな葉柄が数多く伸び、そこに灰色がかった緑色の丈夫な羽状葉がつきます。夏の終わりに咲く小さな花は金色がかった黄色です。

■ 栽培
サザンウッドは肥沃で日当たりのよい土壌を好みます。夏に新たに出た柔らかな若枝を取って挿し木をし、しっかり根づくまで風の当たらない半日陰に置いておきます。厳冬期には寒さ対策をし、春の終わり頃に剪定します。

■ 利用法
イタリアでは辛味のある葉が肉や鳥肉のひき肉料理、ケーキの風味づけに用いられていましたが、現在料理用の用途はほとんどありません。

サザンウッドは素晴らしい香りがするハーブで、ふけを防ぎ、発毛を促します。これらを目的とするヘアトニックを作るには、サザンウッドの濃い浸出液とマイルドなオーデコロンをそれぞれ大さじ5杯ずつボトルに入れ、よく振ります。使う際は同量のお湯で薄め、週に2回頭皮にマッサージしながらすり込みます。これは特にオイリーヘアに適したトニックです。乾燥させたものはポプリにしても長く香りが残り、虫除けにも優れた効果を発揮します。

薬用としては、全草を内服して条虫の成虫やその他の寄生虫の駆除に用います。かつては条虫に寄生された子供の散薬として利用されました。

■ 使用量
自己療法はお勧めできません。服用すると激しい嘔吐やめまい、筋肉のけいれん、精神錯乱を引き起こすことがあるためです。

タラゴン
Artemisia dracunculus

本当のフレンチタラゴン（エストラゴン）と、ロシア産のよく似たロシアンタラゴン（*A. dracunculoides*）は区別する必要があります。ロシアンタラゴンは大ぶりで葉の色が薄く、味も苦みが強めです。ところがうまくいかないことに、ロシアンタラゴンのほうが育てやすいのです。フレンチタラゴンは繊細な風味を持ち、4種のハーブをミックスしたフィーヌゼルブの材料の1つです。

■歴史

タラゴンは耐寒性多年草で南ヨーロッパが原産です。名前は「小さいドラゴン」という意味ですが、これはヘビなどのかみ傷を癒すという民間伝承に由来するものと考えられます。

■特徴

草丈90cm、株張り45cm程になります。葉は濃緑色、細長く先がとがり、長さは7.5cm程で根元に向けてしなだれていますが、茎の先端部にはこれよりかなり小さい葉がつきます。花はライムグリーンで、あまり密ではない房状に咲きます。ただし寒冷地では開花しませんし、種も結びません。

■栽培

フレンチタラゴンは春に芽のある根茎を植えて栽培できます。または夏に若い枝を取って挿し穂にし、クローシュでカバーしながら育てます。肥沃な水はけがよい土壌と、日なたで強い風雨が当たらない場所を好みます。

■利用法

タラゴンには特徴的な強い香りがあるので控えめに使います。特にチキンや白身魚、クリームソース、卵＆チーズのレシピなどデリケートな料理に添えられることが多いので注意が必要です。摘んだ小枝を生のままビネガーに漬けて香りを移し、サラダドレッシングやソースに利用することもできます。

タラゴンのエッセンシャルオイルはアニスに似たよい香りがします。ベースオイルに数滴加えて適用すると高い鎮静作用があり、マッサージオイルとして使えば月経前の不快な症状の緩和に効果的です。石けんやバスオイルの香りづけにも利用できます。乾燥させたものは細かくしてソープボールに混ぜてもよいでしょう。

かつては歯の痛み止めと食欲増進の薬として利用されていましたが、現在はもっぱら料理に使われるようになり、薬としての用途は廃れています。

ボリジ（ルリヂサ）
Borago officinalis

ボリジの花は星形で鮮やかな青色です。ハーブ類の中でも特に可憐な草とされるのはこの花のおかげ。一方濃緑色で繊毛が生えた葉には香りも特になく、さほど目立ちません。耐寒性１年草で原産地は北ヨーロッパ、北米では温暖地でよく育ちます。

■歴史

ボリジは幾世紀にも渡って伝説的なパワーがあるとされてきました。生えた所に幸福と喜びをもたらすともいわれ、プリニウスは「喜び」という意味の名を持つギリシャ神話の女神エウプロシュネーにちなんでボリジをユーフロシナムと称しました。古代ギリシャとローマでは心を慰め勇気を与える力があると考えられていました。この民間信仰は中世にも復活しています。

■特徴

葉はキュウリに似た香りを持ちます。草丈45cm、株張り30cm程になります。徒長して草姿が乱れがちですが、夏の数ヶ月間、うつむき加減に咲き続ける無数の房状の花はその欠点を補って余りあります。

■栽培

栽培が容易で、春に露地に直まきします。日当たりのよい砂質の土壌を好みますが、半日陰の多少粘質の土でも何とか栽培できます。こぼれ種からたくさん増えるので、そのままにしておくと広範囲に群生します。

■利用法

昔からボリジの花と葉はジンベースのサマーカクテルの飾りに用いられています。またはアイスキューブに閉じ込めてその他のドリンクに華を添えてもよいでしょう。花はサラダの彩りのほか、砂糖漬けにしたものはケーキのデコレーションにも使われます。

薬効としては、気持ちを引き立てる作用があります。効果がどの成分によるものか正確には確認されていませんが、「陽気にさせる」という評価はジョン・ジェラードが著書『本草あるいは一般の植物誌』にボリジを記載した1597年に遡ります。この本の中で、ボリジは「憂うつを追い払い、精神的な喜びを増す」と記述されています。この頃、ボリジの葉と花はよくワインにされて人々を「楽しく陽気に」するためにふるまわれていました。

■使用量

葉と花から作るチンキ液がお勧めです。１日２回15〜20滴を服用します。

またはカプセルの形で１日当たりボリジオイル500mgを摂取してもよいでしょう。

ハーブ図鑑

ポットマリーゴールド（キンセンカ、カレンデュラ）
Calendula officinalis

ポットマリーゴールドは耐寒性1年草で夏中花を咲かせ、こぼれ種から翌年また芽が出ます。デイジーに似た、黄かオレンジ色の元気な花は甲虫やミツバチ、チョウを引き寄せます。薄緑色の葉には刺激的な芳香があります。朝のうちにこの花が開くとその日は必ず晴れるともいわれます。

■歴史
シェイクスピアは『冬物語』の中で、太陽が出ていないと花を閉じるその性質を「日没とともに眠りにつき、朝日とともに泣きながら起きる」と描写しています。属名はラテン語で「月の第1日」を意味するcalendulaeに由来します。その頃いつも咲いているように見えるからです。地中海沿岸とイラン原産で、インド、古代ギリシャとローマでは薬用および染料として用いられました。

■特徴
成長の早い1年草です。茎は分枝し、直立、時に広がる性質があります。繊毛が生えた柔らかな葉は先細の披針形です。草丈と株張りともに60cm程になります。オレンジまたは黄、アプリコット色の花はデイジー様で、直径7.5cm程の舌状花です。

■栽培
マリーゴールド類は極めて容易に栽培できる植物の1つといえます。水浸しの土壌でない限りほとんど用土を選びません。また日当たりがよい場所をとても好みます。春に種を露地に直まきし、少量の土でおおっておけば芽を出して元気よく群生します。花がらを摘めばさらに花つきがよくなります。

■利用法
ポットマリーゴールドは治癒促進作用が極めて高く、葉や花（生・乾燥いずれも使われます）の抽出液または浸出液は、実に様々なオイル、クリーム、ローション、フェイスパックのほか、アクネ（ニキビが多数広がった状態）から日焼け、疲れ目やいぼなどあらゆる肌のトラブルを癒すスチームにも用いられます。単独でも、他のハーブと組み合わせても、カラーリング剤やコンディショナーとして高い効果を発揮します。ポットマリーゴールドのエッセンシャルオイルは緑色で芳香があり、化粧品やマッサージオイル、浴用剤に加えると治癒促進作用および活性作用が期待できます。ベースオイルに混ぜて利用すれば傷跡を薄くする優れた効果があります。

薬用としては、頭状花全体を傷の修復を早める目的に用います。ポットマリーゴールドはほとんど身体の部位を問わず治癒過程を促進します。胃潰瘍、膀胱の病気、リンパ節のむくみ、皮膚の炎症などの治療にも用いられています。湿疹やその他の皮膚の炎症にはクリームを外用すると著効があります。

■使用量
1日2回チンキ液を15～20滴服用するか、1日につきマリーゴールドティーを2～3杯飲みます。

キャラウェイ（ヒメウイキョウ）
Carum carvi

キャラウェイは1つで2つの風味を併せ持つハーブです。鮮やかな緑色をした羽状の葉にはパセリとディルの中間のようなマイルドな香りがありますが、種であるキャラウェイシードはスパイスになり、強い芳香と刺激的な味を持っています。北ヨーロッパ、米国、北アフリカでは種を取るために商業栽培されています。

■ 歴史

古代ローマでは広く用いられ、中世になると英国でも料理用ハーブとして定着しました。当時はフルーツと一緒に料理されたり（特にリンゴの串焼き）、ケーキやパンに焼き込んだりされました。葉は刻んでスープやサラダに添えます。現在もキャラウェイの主な消費国であるドイツとオーストリアでは、野菜の料理にキャラウェイシードを使います。特にキャベツ料理やキャベツの保存食品であるザウアークラウトによく用いられます。

■ 特徴

2年草で、草丈60cm、株張り30cm程、パースニップに似た、太く先細りの根を持っています。葉の形はニンジンの葉に似ています。ピンクがかった白色の花は複合散形花序で、盛夏に咲きます。種の色はほとんど黒に近い暗褐色、先のとがった楕円形をしています。

■ 栽培

種は秋の初めに露地に直まきします。肥沃な半日陰の土壌を好みます。種は2年目、成熟する直前に収穫しましょう。逆さまに吊して乾燥させますが、頭頂部は紙袋で包んでおき、落ちた種を受け止められるようにします。

■ 利用法

葉はサラダやスープに、種は焼き料理やダンプリング、クリームチーズ、グーラーシュ（ビーフシチュー）などの肉料理に。

種は昔からポプリや、衣類収納袋にガを寄せつけないための香りづけに使われてきました。砕くととても刺激的な香りがしますが、石けんやオードトワレに独特の芳香をつけることができます。エッセンシャルオイルは石けんやオードトワレの香料として商業的に用いられています。種をかめば息が甘い香りに。

薬効としては、乳児の疝痛や成人の鼓腸を緩和するハーブとして有名です。腸を鎮静させる効果は、腸管の筋肉壁に働きかけてけいれんを収める作用によるもの。風邪やインフルエンザの撃退には、ハーブティーにキャラウェイシードを少し加えると効果が期待できます。

■ 使用量

成人：1日2回チンキ液を20滴服用します。

乳幼児：お湯にチンキ液を5〜10滴加え、食間に服用させます。

フィーバーフュー（ナツシロギク）
Chrysanthemum parthenium

鮮やかなライムグリーンまたは黄色がかった緑の葉は冬期も色が変わらず、1年を通じてガーデンを飾ります。背が高くならず、元気よく密に茂る上、速やかに繁茂して株を張り、こぼれ種からも発芽します。愛らしい白い花は一重または八重のデイジー様で、ドライフラワーのアレンジにも適しています。

■ 歴史

薬としての用途は記録にも明確に留められています。ジェラードは著書『本草書』の中で「頭の浮遊感や・・・うつ病、気持ちが沈んでいる」場合に乾燥させたフィーバーフューが効くと記しています。カルペパーも「風邪に起因するあらゆる頭痛」にフィーバーフューを勧めています。

■ 特徴

草姿は多様で、草丈22.5cmから60cm程と幅があります。深く切れ込んだ葉は鮮やかな色合いで、非常に強い苦みがあります。初夏から秋の半ばまで咲き続けるころんとした花はデイジーに似ており、花心は黄色です。

■ 栽培

非常にやせた土壌でもよく育ち、舗装の割れ目や壁でも繁茂しますが、日当たりと水はけがよい土を一番好みます。種からでも、株分けでも容易に育てられます。

■ 利用法

大変苦いので料理にはとても使えませんが、薬用と化粧品としての効果はその欠点を補って余りあります。

フィーバーフューは17世紀にジャーバス・マーカムが用いた有名なスキントニックの成分の1つです。これは肌を浄化し、顔の色つやをよくすると評判のトニックでした。

285mlのミルクに葉と花をひとつかみ分入れて20分間とろ火で煮、冷ましてから濾すとローションができます。これはドライ肌に栄養を与え、ニキビや吹き出ものを軽減し、痛みを緩和し、ソバカスを薄くする効果が期待できます。またはバターミルク（ミルクからバター分を取ったもの）にフィーバーフューを1週間つけておき、濾してから乾くまで顔にパッティングしてもよいでしょう。

薬効としては多くの化学成分が含まれており、その一つであるパルテノライドには血球から放出されて偏頭痛に関連する炎症物質を減らす効果があります。偏頭痛以外の頭痛や、軽い発熱やリューマチ、関節炎にも用いられます。

■ 使用量

1日2回流エキス剤を20滴服用してみて下さい。ただしアルコールに誘発される偏頭痛の場合は乾燥ハーブのカプセルを1日1粒摂取します。

コリアンダー
Coriandrum sativum

コリアンダーの羽のような緑の葉と丸い種はどちらもキッチンに欠かせない食材で、パセリの葉を平らにしたようにも見えます。特にアジアまたはギリシャ系のコミュニティのスーパーマーケットでは、コリアンダーの束がよく店頭に並んでいます。種はホール状のものと挽いたものの両方が販売され、カレー粉の主な材料でもあります。

■ 歴史

聖書にもコリアンダーシードに関する記述があり、マナに例えられていますが、使われ始めたのはさらにはるか昔に遡ります。古代ヨーロッパ文化や南米、インド、中国では何千年も前から料理と薬用の両方に用いられていました。英国に持ち込んだのはローマ人で、エリザベス朝時代は盛んに利用されました。

■ 特徴

草丈60cm、株張り22.5cm程になります。鮮やかな緑色の葉は扇形で、株の上に近づくにしたがって羽のようになります。盛夏から夏の終わりにかけて白く小さい花が散形花序のような形につきます。先細りになった淡い茶色の根からは細かい側根が伸び、ニンジンに似ています。

■ 栽培

耐寒性の1年草で、種から容易に育てられます。春の終わり頃に露地に直まきします。砂質で水はけがよい土壌と、たっぷりの日照を好みます。種は熟し始めたらすぐに収穫し、茎に紙袋をかぶせて吊しながら種を乾かします。

■ 利用法

葉はうまく乾燥しないので、冷凍するとよいでしょう。カレーに使われるほか、挽いたものにオリーブオイルを加えてペースト状にし、マリネにした子羊肉に塗ってローストすることもあります。化粧品としての価値はありませんが、エッセンシャルオイルは香水業界やパウダー、石けん、オードトワレに広く使われています。甘いムスクの香りがするエッセンシャルオイルは熟しきっていない種から抽出されます。乾燥させた種はダスティングパウダーの香料に使われます。

薬効としては、葉にオイル分が豊富に含まれ、強力な消化促進作用と食欲増進効果があります。気管支うっ血の緩和に用いられているほか、抗真菌・抗バクテリア作用にも優れます。

■ 使用量

葉から作ったチンキ液を1日2回15滴服用します。

ホーソン（セイヨウサンザシ）
Crataegus laevigata

5月、生け垣に香りのよいホーソンの白い花が咲く光景はおなじみです。ホーソンは中世から心臓の薬として利用されてきました。ヨーロッパに広く分布する強健な木で、風よけによく、海風や都会の公害にもよく耐えます。

■歴史
ホーソンにまつわる迷信にはよいものと悪いものがあります。かつては魔女や嵐を追い払うため束ねた枝を外に置いていました。夏の到来を知らせる木でもあるホーソンは、死の予兆でもありました。これは古代異教時代、「5月の王と女王」が人身御供として殺された習慣に由来します。また、花の香りにはかすかに腐敗臭も含まれています。英語では別名「ブレッド・アンド・チーズ」の生け垣といいます。若葉がプラウマンズランチ（パンとチーズに野菜がつく軽食）の付け合わせに適していたからでしょう。*Crataegus*という属名は、ギリシャ語で「硬い」という意味の*kratos*に由来します。これはホーソン材の丈夫さにちなんだものです。

■特徴
耐寒性が極めて高い落葉性低木で、鋭いトゲのついた枝を密に分枝させます。浅く切れ込んだ倒卵形の葉は若草色で艶があります。赤い雄しべを持つ白い花には香りがあり、春の終わりから初夏頃に咲きます。その後卵形で暗赤色の実が房状につきます。樹高は5〜6m、枝張りは5.5m程になります。

■栽培
とても手のかからない木で、土壌や条件を選びません。ただし実や花がつくためには日当たりのよい場所のほうが向いています。苗木を買い求めるか、種から育てます。

■利用法
薬草医は昔からホーソンの実を消化器系のトラブルの薬として用いていました。心臓と循環器の強壮作用もあります。心拍を強くするので、心不全の際に効果があります。また血管を拡張する作用から、血圧を下げ、心臓の負担を軽減する効用もあります。ホーソンは利尿作用も持ち、心臓病の人によく起こる余分な体液の滞留を解消します。実は、血管の強化と健康に欠かせないビタミンCとバイオフラボノイドを豊富に含んでいます。

■使用量
1日2回流エキス剤を20滴服用するか、メーカーの注意書にしたがって乾燥ハーブのカプセルを飲みます。

エキナセア（コーンフラワー）
Echinacea

多くの夏の花が咲き終えた頃、盛夏から秋にかけてコーンフラワーは目を引かずにいない存在感を発揮します。デイジーに似た見応えのある花は切り花にして家に飾るのにも向いています。北米の中央部と北東部が原産地で、プレーリーや開けた森林地帯に自生しています。

■ 歴史

エキナセアという名前はギリシャ語で「ハリネズミ」または「ウニ」を意味する*echinos*に由来します。これは花の中央が針山のようになっているからです。アメリカ先住民の間では長い歴史を持つハーブです。アメリカ先住民の部族は刺し傷や虫さされ、ヘビによる咬傷の治療に使っていました。生の根の小片をかめば歯痛を緩和できます。咳や風邪の治療にも用いられていました。

■ 特徴

エキナセアは直立性の強健な耐寒性多年草です。草丈120cm程になり、針山のように盛り上がったオレンジ色の中央部を持つ、デイジーに似た大きなマゼンタまたはパープルの花をつけます。葉は槍型で、縁が鋸歯状のものもあります。夏の終わりから秋にかけて花が咲きます。9つの種類がありますが、一般的なのは*Echinacea purpurea*、*E. pallida*、*E. angustifolia*の3種類です。優れた栽培変種もあります。クリムゾンの花を咲かせるロバートブルーム、雪のような花弁に茶色の中央部を持つホワイトラスターなどがその例です。

■ 栽培

種から育てるか、春か秋に株分けします。*E. purpurea*は露地に直まきできます。日なたか半日陰の、やや砂質の有機質黒土に植えましょう。

■ 利用法

薬用としては、おそらく現在もっとも広く利用されているハーブエキスの1つでしょう。ドイツでは、冬期に向く強力な免疫賦活剤として活躍するため、流エキス剤がよく「抵抗力をつけるドロップ」と呼ばれます。バクテリアや真菌、ウィルス感染が関連するトラブルなら、ケースを問わずまずはエキナセアを使うのが一番です。

■ 使用量

急性の病気なら、4時間おきに40滴を上限として流エキス剤を服用します。子供にはこの半量を。予防用なら1日10〜15滴を服用します。または乾燥エキスを1〜2錠（100mg）服用してもよいでしょう。

切り傷や擦り傷にはクリームを必要に応じて塗布します。

ハーブ図鑑

フェンネル（ウイキョウ）
Foeniculum vulgare

散形花序の細かい黄色の花と、濃緑色またはブロンズ色の細い葉はボーダーに装飾的な美しさを添えてくれます。大きな株になるので、バックグラウンド用としても適しています。何世紀にも渡ってフェンネルは魚料理に相性のよいハーブとして、また消化薬として用いられてきました。種をかめば息をさわやかにするマウスフレッシュナーに。

■歴史

フェンネルは南ヨーロッパ原産で、古代ローマでは日常的に使われていました。ノルマン人による英国征服前にはすでに英国でも広く利用されていました。魚との相性がよいのはよく知られており、魚以外の肉を食べられない断食日、貧しい人々はフェンネルだけを食べたといわれます。

■特徴

どんなボーダーでも主役級の存在感を発揮し、草丈150cm、株張り30cm程になります。茎は淡い緑で数多く分枝し、筋があります。柔らかな葉は細かく分かれて大きな手のような形になり、アニスのような香味を備えています。平らで筋が入った楕円形の種は夏の終わりに結実し、より強い風味があります。

■栽培

耐寒性多年草です。種は春に直まきします。育ってきたら60cm程の間隔に間引きします。または成熟した株を株分けで殖やしてもよいでしょう。日当たりと水はけがよい土壌を好みます。

■利用法

葉は豚肉や子牛肉、魚に添えるほか、魚のストック、ソースとスタッフィング、サラダドレッシングなどに加えます。魚のグリル焼きには、下に乾燥させた茎を置いて風味をつけます。フェンネルシードはスパイスとして、特にパンやスコーン、ビスケットに利用されます。

葉を刻んだものから作る浸出液は肌をいたわる作用と活性作用があり、パックやスチーム、クレンジング、トナーに使えます。これらはとりわけ肌に優しく、老化肌に有益です。種の浸出液は疲れを回復させるマイルドな洗眼液に。

薬効としては消化過程を助けるとともに、疝痛や腹部不快感を緩和する効果が期待できます。乳児の疝痛薬として有名なグライプウォーターは、フェンネルのエキスをディルの成分と混ぜたものがベースになっています。フェンネルには穏やかな利尿（尿の排泄を促す）作用と腎臓に対する浄化作用もあります。

■使用量

食後すぐにチンキ液を20滴服用します。

■注意

妊娠中は使用を避けます。

イチョウ
Ginkgo biloba

イチョウは地球上で最も古代から生き続けている植物といわれ、中国では神聖視されています。非常に装飾性の高い木で、極めて生命力が強く、公害すらものともしないため、西欧では街路樹として植えられます。中国医学では、葉とギンナンを喘息や咳の薬として利用します。葉が美しいこと、また「生きた化石の木」への興味からもよく栽培されます。

■歴史

ほ乳類が出現する前の時代の地層からイチョウの化石が発見されています。ヨーロッパには18世紀に中国と日本から伝わりました。属名は日本語で「銀色の杏」を意味する「銀杏（ぎんきょう）」に由来します。中国中央部原産で、野生のものは絶滅してしまいましたが、保護されて寺院の庭などに植えられています。

■特徴

耐寒性の落葉樹で、樹高40m程にまでなります。若木の樹形は円錐状ですが、年を経るにつれて樹冠が広がります。長い葉柄に、大きいもので幅13cm程になる扇形の二裂になった葉がつきます。秋になって金色がかった黄色に色づくと実に見事です。イチョウは雌雄異株で、雄花は黄色の短い尾状花序、雌花は小さなキャップ型の胚珠がペアになってつきます。銀杏（腐ったバターのような臭いがあり、中の種は食べられます）は長い夏の後、雄木と雌木が近くにある場合にのみできます。

■栽培

苗木を買い求めるか、熟した種から殖やします。日当たりのよい肥沃な土壌なら条件を選ばず育ちます。

■利用法

薬効としては、脳と脳周辺への血流を促進する効果でよく知られています。その他、喘息、アレルギー性の炎症疾患、レイノー病、静脈瘤にも用いられて効果を上げています。

■使用量

1日2回流エキス剤を20滴服用します。より強い効果を求める場合は、標準化されたエキスのカプセルを利用します。

リコリス（カンゾウ）
Glycyrrhiza glabra

背が高く優雅な姿を見せるリコリスは緑色の小葉を持ち、淡い青またはバイオレット色をした、マメ科らしい花を咲かせます。古代の重要な薬用ハーブだったリコリスは今なお多くの薬に使われていますし、菓子作りや風味づけにも重宝されています。地中海沿岸原産で、温暖な地域で広く商業栽培されるハーブです。

■ 歴史

アッシリアの銘板にはリコリスに関する記述があり、ツタンカーメンの墓室でもそういった銘板が何枚か発見されています。古代ローマの軍兵はリコリスをかんでいましたし、伝えられるところによればナポレオンも戦場で神経を鎮めるためにリコリスを口にしていたそうです。ヨーロッパには15世紀に伝わりました。かつて英国ヨークシャー州のポンテフラクト城周辺にはドミニコ会修道士が住んでいました。修道士らはリコリスを入れたポンテフラクト（ポムフレット）ケーキを作り、これが有名になるにつれリコリスも広まっていきました。また、リコリスのトローチはポムフレットという名で知られています。属名はギリシャ語で「甘い」を意味する*glycys*と、「根」を意味する*rhiza*に由来します。

■ 特徴

耐寒性多年草で匍匐枝があり、茎には繊毛が生えています。葉軸には9〜17枚の小葉が羽状につきます。淡い青からバイオレット色の豆科らしい花がやや間隔をあけて穂状に咲き、次いで3cm程の長円形の豆果ができます。草丈120cm、株張り90cm程になります。

■ 栽培

リコリスは根が深く張れる肥沃な砂質の土壌と、あまり風雨の当たらない日なたを好みます。休眠時期に、1〜2個の芽がついた根をそれぞれ90cm程離して植えつけましょう。秋か春に種をまくこともできますが、この方法だと時間がかかります。いったん根づくと、完全に取り除くのは難しくなります。

■ 利用法

薬用としては、根をアジソン病や喘息の緩和に用います。また、肝臓の強力な解毒効果があります。ただしナトリウムが含まれるため、妊婦や高血圧の人には適しません。

エストロゲン様作用も認められ、更年期障害にも優れた効果があります。胃の不調にも用いられ、胃壁に対する治癒作用は抜群です。細胞の分裂を刺激することで、常用すれば1〜2ヶ月で潰瘍が治ります。

■ 使用量

食間に2〜3錠（100mg）をかみながら服用します。

■ 注意

妊娠中や高血圧、腎臓病の人は使用を避けます。心臓病の薬であるジゴキシンを服用している場合も利用しないで下さい。

セントジョーンズウォート（セイヨウオトギリソウ）
Hypericum perforatum

夏を通して星のような黄色い花が咲くセントジョーンズウォートは、庭でも魅力的な姿を見せてくれます。花と葉に含まれるオイルはお香のような匂いがします。はるか昔から逸話と神秘な謎に包まれたこのハーブはヨーロッパとアジア原産で、開けた森林地帯に自生していましたが、現在ではオーストラリアや米国で野生化しています。

■ 歴史

ギリシャ名のhypericumは「幽霊を制す」という意味で、おそらく悪魔を追い払うパワーがあるとされた故事に由来すると思われます。英語名は洗礼者ヨハネからきています。花に含まれる赤色色素（ヒペリシン）が、彼の血を表すと考えられたためです。6月24日（夏至であるとともに聖ヨハネの日）頃に花の盛りを迎えます。中世では悪鬼や魔女、嵐を撃退するとされました。露が消えないうちに何本か摘むと、夫が見つかる、子供ができるといういい伝えもあります。十字軍は傷の治療にセントジョーンズウォートを使いました。

■ 特徴

*Hypericum perforatum*は多年草で、茎は硬く角張っています。長い卵形をしたやや濃い緑色の葉はオイルを含んだ半透明の斑点でおおわれています。この油点は花にもあります。花は星形で鮮やかな黄色、通常は3輪づつまとまってつき、夏を通して咲き続けます。草丈は90cm程です。

■ 栽培

日当たりのよい、または半日陰の、水はけのよい土なら条件を選ばず育ちます。一番簡単な繁殖法は株分けですが、秋か春に種をまくこともできます（食べると害があり、動物に対する毒性も確認されています。服用後日光に当たると皮膚アレルギーが起こることもあります）。

■ 利用法

薬効としては抗うつ作用があります。これはヒペリシンという成分が高濃度に含まれているためです。もう1つ、ヒペリシンにはある種のウィルス（レトロウィルス）の増殖を抑えるという興味深い特徴があります。ここから、AIDS患者にも効果があるのではないかと考えられています。

■ 使用量

1日3回チンキ液を20滴服用するか、粉末エキスの標準化カプセルを利用します。オイルやクリームに混ぜて使うと、肌が日光に当たった際にトラブルが起こる恐れがあります。

ヒソップ（ヤナギハッカ）
Hyssopus officinalis

見た目が美しいとともに花期も長く、育てるのが楽しいハーブです。南ヨーロッパや近東、南ロシア原産で、米国では園芸種が野生化しています。かすかに苦くミントに似た味を持ち、古代には広く知られていたため、ディオスコリデスは書くまでもないと記しています。

■ 歴史
紀元前には既に地中海沿岸の全域で用いられ、聖書でもヒソップに触れています。ジェラードは自らの庭園であらゆる種類のヒソップを栽培したと『本草書』に書き記しています。一方カルペパーはイチジクと一緒に煮立てると優れたうがい薬になるとして勧めています。

■ 特徴
草丈60cm、株張りはその半分程度になります。葉は長さ2.5cm程で、先がとがった楕円形、色は濃緑色です。盛夏から秋の半ばにかけて咲く花はモーブがかった青色で、長さは0.5cm、細長い穂状花序をなします。茎、花、葉に強い芳香があります。

■ 栽培
半低木化し、日なたと乾燥気味の水はけのよい土壌を好みます。春に種をまいて育てることもできますし、株分けも可能です。花が咲く前に挿し穂を取って挿し木をすることもできます。厳冬期には保護が必要で、約5年ごとに場所を移さないと生育に支障が出る場合があります。

■ 利用法
生葉または乾燥葉と花をスープ、ラグー（濃い味のシチュー）、キャセロール料理、ソーセージに加えます。生の葉は少量をサラダに。ヒソップはシャルトルーズリキュールの材料でもあります。

葉と花穂から作る浸出液には治癒促進作用があり、アクネの治療に使えます。また、治癒促進作用のあるオイルも作れます。まず花と葉を容器に入れ、葉と花が十分浸る程度にサンフラワーオイルかオリーブオイルを注ぎます。中身をつぶしてから暖かい場所に1週間程置き、濾過します。これをオイルフリーの保湿剤に混ぜてニキビや吹き出もののケアに使います。強い芳香を持つエッセンシャルオイルはクリームや、痛みを緩和するボディ用マッサージクリームに使われます。商業的には、オーデコロンの製造にも利用されています。

薬効としては浄化作用があり、とりわけ肺感染症の治療の際に使われます。また、血圧が低い場合に血圧を安定させる効用があり、座姿勢または横になった状態から起き上がった際に起こる一時的なめまいを防ぎます。軽い切り傷や挫傷の治療には外用します。

■ 使用量
1日2回乾燥ハーブの錠剤2錠（500mg）を服用します。または1日2回流エキス剤を15～20滴服用してもよいでしょう。

オリスルート（ニオイイリス）
Iris germanica

花も見応えがありますが、実際に利用されるのはオリスの根（根茎）です。オリスという名はギリシャ語で「虹」を意味する言葉に由来し、花の色が虹のようにバリエーション豊かなことを示しています。

■ 歴史

オリスは南ヨーロッパ原産で、イランと北インドに帰化しました。紀元前1500年のエジプト神殿の壁画にもオリスの絵が描かれているのが確認されています。かつては下剤として用いられましたが、現在薬としての用途はありません。

■ 特徴

すらりと背が高いオリスは草丈90cm程になります。剣形の長くとがった葉が、真っ直ぐ直立した多肉質の茎を囲むように生えます。花は直径10cm程で、モーブ色を帯びた白が多く見られ、黄色のヒゲ状突起を持つものもあります。球根状で多肉質の根茎の皮下は白色で、強いスミレの香りがします。細い側根も生えています。

■ 栽培

春の終わり頃に根茎を切り分けますが、必ず適切な位置に芽をつけておいて下さい。根を深く伸ばせる、水はけがよくて肥沃な土壌と、陽光がたっぷり当たる場所を好みます。根茎を植える際は、下半分だけを土に埋め、上半分は地上に出しておきます。根茎を分けるのは4〜5年ごとに。オリスルートを乾燥させるには、秋に根茎を掘り出し、暖かい場所に吊しておきます。根茎がしなびて乾燥するにつれ、香りが立ってきます。

■ 利用法

オリスの根を挽いて得られるパウダーには甘いスミレの香りがあり、フェイスパウダーやボディパウダー、ポプリ、歯磨き粉、バスソルトなどに広く使われています。オリスのオイルは根に蒸気を当て、蒸留することで得られます。香りはまさにスミレで、大変高価な香水に用いられます。

オリスはほとんど薬用には用いられませんが、昔は気管支炎や喘息の薬として服用されました。

ジャスミン
Jasminum officinalis

ガーデンを飾るにふさわしいつる植物、ジャスミンはコーカサス地方から中国にかけて自生し、その素晴らしい香りゆえに世界中で栽培されています。ロイヤルジャスミンまたはスパニッシュジャスミン（*Jasminum grandiflorum*）も同様です。ジャスミンティーの香りづけに利用されているのはアラビアジャスミン（*Jasminum sambac*）です。

■ 歴史

*Jasminum*という属名は、ペルシア語の*yasmin*をラテン語に翻訳した言葉に由来します。ジャスミンはアッシリアの王らにも知られており、11世紀のイスラム圏にあった砂漠の庭園でも栽培されていたという記録が残っています。ヨーロッパには16世紀に伝わり、その頃から香水業者による利用が始まりました。

■ 特徴

半常緑の強健な落葉つる植物で、つるを巻きつけながら成長します。茎は緑で葉軸に楕円形の小葉が3〜9枚つきます。花は分枝してつく集散花序、夏を通して芳香を持つ白い花が咲き、次いで黒い実がつきます。草丈は9m程になります。

■ 栽培

肥沃で水はけのよい土壌なら条件を選ばず育ちます。日なたを好みますが、北向きの壁でも十分栽培できます。花が終わったら必要に応じて剪定しましょう。夏の終わり頃に挿し芽で殖やせます。

■ 利用法

ジャスミンの純粋なエッセンシャルオイルは得もいわれぬ素晴らしいイメージが広がる香料の1つ。また、心の底から元気が湧くオイルでもあります。ジャスミンは多くの香水に欠かせない香料で、「ミドルノート」になり、現在ではほぼ香水業界のみに用いられています。

薬用としては、日射病、発熱、炎症性の皮膚病、感染症に用いられています。感情面から来るイライラや頭痛にはジャスミンがよく効きます。オイルの形で身体に塗ると催淫作用があるとされます。

■ 使用量

1日2〜3回ジャスミンティー1杯を飲みます。

スイートアーモンドオイルなどの25mlのキャリアオイルにジャスミンのエッセンシャルオイル5滴を混ぜ、必要に応じて皮膚に塗ります。

ベイ（ゲッケイジュ）
Laurus nobilis

ベイリーフは用途の広さでは指折りのハーブです。ベイ本体も定期的に剪定すれば、装飾用の低木としてトップレベル。光沢と甘い香りを備えたベイリーフはフランス料理と地中海料理に欠かせないもので、伝統的にブーケガルニの材料に用いられるほか、マリネやクールブイヨン、ストック、レリッシュ（香味野菜）になくてはならない素材です。

■歴史

ベイは小アジア原産で、地中海沿岸の古代文化圏周辺に定着しました。古代ギリシャとローマでは、知恵と勝利のシンボルとして月桂冠が与えられました。現在でもモーターレースで勝利を得たドライバーには葉で作った輪がかぶせられますが、その起源は月桂冠にあります。フランス語で「試験」を意味する*baccalaureat*や、英語で「学士号」を意味するbachelorは、いずれもラテン語で「ベイの実」を意味する*bacca laureus*に由来します。

■特徴

ベイの葉は平らで先のとがった長円形、長さは7.5cm程。色は濃緑色で光沢があります。葉には長持ちするバルサム様の香りがあり、木部も強い芳香を有します。幹は頑丈で木質、灰色の樹皮を被っています。小さく黄色い花が春の終わり頃に咲きますが、あまり目を引きません。

■栽培

繁殖は挿し木で。初夏に木質化した枝で挿し木をし、直射日光や風の当たらない所に置いておきます。苗木を植えつけるのは春がベスト。肥沃で水はけがよい土壌と、日なたで風雨があまり当たらない場所を好みます。厳冬期にあまり吹きさらしにしておくと枯れることがあります。このため、鉢や容器での栽培も一般的です。剪定してスマートなトピアリーにすることもできます。トピアリーは球形に仕立てるのがポピュラーでしょう。

■利用法

スープ、ストック、シロップ、甘く薬味のきいたソースに、または飾りとして、ベイリーフはありとあらゆる料理に用いられます。

大さじ1杯のビネガーと一緒に浴槽のお湯にベイリーフを加えれば、筋肉の緊張をほぐしてくれます。バスバッグに入れてもよいでしょう。小さじ1杯弱のベイのオイルに、アルコール大さじ9杯、ミネラルウォーター大さじ1杯を加えたものをシャンプーの前に頭皮にすり込めば、優れたコンディショナーに。

薬用ハーブとしての治癒作用は、黄色のオイルによるものです。昔から脱毛症の治療や、鼓腸、消化不良、リューマチなどのトラブルに用いられています。

■使用量

1日2回、葉から作ったチンキ液20滴を服用します。

ラベンダー
Lavandula angustifolia

ラベンダーはコッテージのガーデンに植えられる伝統的なハーブ。灰色がかった緑色のツンツンした葉と、尖塔状に咲くモーブがかった青色の花が1年を通して彩りを添えます。地中海沿岸原産で、南フランスの太陽が降り注ぐマキー（低木密生地帯）で繁茂しています。

■ 歴史
強い芳香があるラベンダーは、古代ギリシャとローマで香水や軟膏を作るのに用いられました。中世からは、住まいの不快な臭いを消したり熱病を防いだりする目的で、ドライフラワーはポプリの主な材料の1つに、新鮮な小枝は「タッシーマッシー」というハーブの花束に含められて利用されました。

■ 特徴
草丈90cm程になりますが、花壇の縁取りに向く矮性タイプもあります。茎は太く木質で、剪定せずそのままにしておくとに徒長して広がってしまいます。葉は長く（7.5cm程）で非常に細く、針状にとがっています。花は穂状花序で、小さな筒状花が長い茎の先に密集して咲きます。浅く広く細い根が張ります。

■ 栽培
ラベンダーは水はけがよく乾燥気味の、できれば礫質の土壌と、暖かく日当たりのよい場所を好みます。春に軽く剪定するとよいでしょう。低木化する常緑植物で、春か夏の終わり頃に挿し木で殖やします。

■ 利用法
生花はゼリー菓子用シロップやフルーツサラダ、デザートに添えるミルクとクリームの香りづけに。砂糖漬けはケーキの飾りに使えます。

ラベンダーは殺菌作用のある芳香性浸出液、チンキ、ハーブオイル、化粧用クリームとローション、オードトワレ、パウダーやデオドラント、昆虫忌避剤とポプリなどの材料として広く使われています。

薬効としては、抗うつ作用と精神高揚作用があるといわれ、内服では消化系のトラブル、不安感、リューマチ、緊張性頭痛および偏頭痛の治療、興奮抑制に使われています。外用では火傷とリューマチの痛みに効果があります。

■ 使用量
外用する場合は、エッセンシャルオイル5滴を25mlのベースオイル（スイートアーモンドオイル）に加えて患部に適用します。

レモンバーム
Melissa officinalis

レモンバームは黄色、または斑入りの葉に強いレモンの香りがある魅力的なハーブです。強力にミツバチを引き寄せ続けるので、どんなガーデンでも植えて損はありません。レモンバームが近くにあればミツバチは決して巣を捨てないといわれていた程です。

■ 歴史
レモンバームは南ヨーロッパ原産、2000年以上に渡って栽培されてきました。英国に伝えたのは古代ローマ人で、中世には英国でも広く植えられました。当時は砂糖の代わりとしてレモンバームのハチミツがよく使われていたそうです。

■ 特徴
旺盛に生育するハーブで、すぐボーダー中に広がります。草丈90cm、株張り60cm程になります。ほぼハート形をした長円形の葉にはわずかに鋸歯があり、細かく分岐した葉脈が浮き出しています。盛夏から夏の終わりにかけて小さい白色の花が咲きますが、あまり目を引きません。

■ 栽培
広がりすぎるのを防ぐため、鉢などのコンテナを地面に埋めて育てるとよいでしょう。多年草ですが、冬期には枯れて見えます。春に種を直まきするか、株分けして育てます。半日陰の湿った肥沃な土壌を好みます。

■ 利用法
生葉はサラダや、砂糖漬けにしてケーキのデコレーションに。魚などの料理の飾りとしても利用されます。サマードリンクやフルーツサラダに加えても。

葉から作る浸出液は鎮静および収れん効果があり、クレンジングに利用できます。バスバッグに葉を加えれば前記の効果を期待できるほか、香りも楽しめます。ポプリに乾燥させた葉を使うと、快いレモン風の匂いを添えてくれます。浴槽のお湯やマッサージオイルにレモンバームのエッセンシャルオイルを加えてもよいでしょう。ベースオイルにエッセンシャルオイルを数滴たらして使えば、優れた昆虫忌避効果を発揮します。

レモンバームはレモン様の香りを持っています。薬効としては強力な抗ウィルスおよび抗バクテリア作用があり、再発性ヘルペスの治療に有効です。ヘルペスの兆候を感じたらすぐ患部にレモンバームをベースにしたクリームをたっぷり塗れば、かなりの確率で発疹を抑えることができます。内服すると神経性のトラブルや抑うつに効果があります。パニック発作や動悸にはエキスを摂取するとよいでしょう。

■ 使用量
クリームは1日3回塗布します。スイートアーモンドオイルにレモンバームのオイルを混ぜたものをマッサージしながらすり込んでもよいでしょう。流エキス剤は1日2回15滴服用します。

ミント
Mentha

シソ科でも群を抜いてポピュラーなミントには数多くの種とタイプがあります。スペアミント（ガーデンミント）は一番広く栽培されています。ハッカ属の中で主に薬用にされるのはペパーミント（*Mentha x piperita*）です。ほとんどの種は地中海沿岸域と西アジア原産ですが、現在は北米中で野生化しています。

■ 歴史

古代ギリシャとローマではミントが非常によく使われていました。スペアミントとミントソースはいずれもローマ人が英国に伝えました。

■ 特徴

草丈は45cm強になります。根と茎は強健で繁殖力旺盛、根茎が地下を這って伸びながら新しい株を殖やしていきます。青みがかったモーブ色の小さい花は夏の終わり頃に咲くことが多く、やや先細りの円筒形に房をなしてつきます。

■ 栽培

葉は秋に枯れますので、この頃刈り込んで周囲にマルチングをします。サビ病にかかった株は焼き捨て、別の場所で新たに植え直しましょう。

■ 利用法

ペパーミントのピリッとした涼味は主な成分であるメンソール類によるものです。また、練り歯磨きやアフターシェーブローション、石けんやバスエッセンスにペパーミントが欠かせないのもメンソールが含まれているためです。ただし、ペパーミントのエッセンシャルオイルの使用には注意が必要で、どんな場合でも希釈せずに用いてはいけません。ペパーミントオイルはエッセンシャルオイルとは異なり料理用に作られたもので、リップバームなどの化粧品に使うこともできます。

薬用としては、昔からうっ血緩和および殺菌剤として広く使われてきました。ペパーミントに含まれるオイルには消化管の筋肉に対する鎮痙作用があるため、過敏性腸症候群にも有効です。

ペパーミントは内服しても極めて安全性が高いため、つわりによる嘔吐や吐き気を緩和する薬として利用できます。オイルを外用すれば筋肉の痛みを抑制できます。

■ 使用量

腸の痙れんを緩和するには、食間に2～3カプセル（1カプセルあたりオイル0.2ml含有のもの）を服用します。ハーブティの場合は1日2回、1杯ずつ飲みます。

ベルガモット（モナルダ、タイマツバナ）
Monarda didyma

　ベルガモットは北米原産です。オレンジに似た快い香りがあり、ミツバチを強力に引き寄せます。一番広く見られるレッドベルガモットのほか、南カナダと米国北部原産のワイルドベルガモット（*M. fistulosa*）、やはり強い柑橘系の香りを持つレモンベルガモット（*M. citriodora*）があります。

■ 歴史
　アメリカ先住民のオスウェゴ族がハーブティーに用いていたため、ベルガモットティーはオスウェゴ茶ともいわれます。英国産品の輸入ボイコットを目的とするボストン茶会事件当時も、移民者によってオスウェゴ茶が作られていました。

■ 特徴
　多年草で草丈90cm、株張りは30cm強で、細い根が密に茂って塊状になります。濃緑色の葉は赤みを帯びていることもあり、毛が生えていて、長いもので40cm程です。花は頂生で長さ5cm位、盛夏から夏の終わりにかけて咲きます。

■ 栽培
　春に種をまいて育てることもできますし、春か秋に株分けして殖やすこともできます。日なたの湿った、ただし水はけのよい土壌を好みます。

■ 利用法
　生の葉を少量、サラダやフルーツサラダ、フルーツドリンクに添えます。ティーはリフレッシュ＆リラックスに向き、生葉または乾燥葉どちらでも作れます。このティーには催眠作用があるといわれます。乾燥した葉をポプリに加えれば、柑橘系の芳香を添えることができます。
　レッドベルガモットは英語でビーバームとも呼ばれます。レッドベルガモットが化粧品に使われることはありません。ベルガモットオレンジの果皮から抽出され、オードトワレやボディオイルなど化粧品にも用いられるベルガモットオイルと混同しないようにします。レッドベルガモットがオレンジそっくりの香りを持つため、どこかで混乱が起きたのでしょう。
　薬用としては葉を吐き気、鼓腸、生理痛の緩和に使います。風邪で鼻水が止まらないような場合はスチームを吸入する使い方もできます。

■ 使用量
　1日2回チンキを15〜20滴服用します。または1日2〜3回ベルガモットティーを飲みます。

スイートシスリー（ミリス）
Myrrhis odorata

北ヨーロッパに自生し、ボーダーやハーブガーデンに植えれば見ても楽しめるハーブです。鮮やかな緑色をしたレース状の大きな葉をつけ、クリームホワイトの花が密集して咲くスイートシスリーはボーダーの背景としても最適。多年草で、全草にアニスに似たマイルドな芳香があります。

■ 歴史

ジェラードは、オイル、ビネガー、ペッパーとともに種を食せば「どんなサラダにも勝る」と『本草書』に記しています。学名はミルラに似た香りが葉にあることからついたと考えられ、通称はその甘い香りに由来します。

■ 特徴

装飾性が高く草姿もこざっぱりとスマートなスイートシスリーは、フラワーボーダー用としてまさにふさわしいハーブ。株張り90cm、草丈はその2倍程度にまでなります。太い茎は中空で、縦に深い溝が走っています。葉の裏側は色が淡く、形は鋸歯状でシダに似ており、長さは30cm程になります。晩春から初夏にかけて咲く花の愛らしさはセリ科の中でもトップクラス。ミツバチも引き寄せます。根は太くて長く多肉質、皮は薄茶色ですが中身は白色です。種は細長く長さ2.5cm程、茶色がかった黒色で先が鋭くとがっています。

■ 栽培

種は発芽するのが遅いので、株分けして育てるのがベストでしょう。芽がついた小さな根があれば十分です。春、6cm位の深さに直植えします。根が地中深く伸びるので移植は困難です。深く根を張れる湿った土壌と半日陰を好みます。

■ 利用法

生葉をサラダやフルーツサラダに使います。刻んでパイやコンポートなどのフルーツ料理に添えてもいいでしょう。根は野菜として食べられます。皮をむいてゆで、ホワイトソースかビネグレットソースを添えましょう。種は有名なシャルトルーズリキュールを作る際に使われます。

薬用にはほとんど利用されません。糖尿病の民間薬にはスイートシスリーが含まれていることがあります。

キャットミント（イヌハッカ）
Nepeta cataria

飼い猫がとても好むキャットミントですが、料理用の用途はほとんどありません。それでもハート形の灰色がかった緑色の葉と、白または淡い青色の花が穂状に柔らかな曲線を描く草姿から、ボーダーに加えると見栄えのするハーブです。

■ 歴史

キャットミントはアジアとヨーロッパ原産の多年草で、自己療法用の薬に広く利用されていました。ジェラードは『本草書』で風邪や咳、胸の病気、神経過敏に勧めています。

■ 特徴

草丈90cm、株張り37.5cm程になります。もともと不規則に倒れて広がる傾向がありますし、猫が上を転がるのでとかくぺしゃんこになりがちです。こうなるのを防ぐには、金網をはって保護する必要があるかもしれません。

■ 栽培

春か夏に、半日陰の良質の肥沃な土壌に種をまいて育てます。または株分けか、春に挿し芽をしてもよいでしょう。

■ 利用法

生葉には強い芳香があります。サラダに少量を使います。

独特の刺激的な香りがするので化粧品には使えませんが、葉をひとつかみ浴槽に入れれば皮膚のかゆみを緩和する効果が期待できますし、浸出液をヘアリンスに使うと頭皮のトラブルを鎮め、発毛を促します。ローズマリーとキャットミントの乾燥葉それぞれ大さじ2杯ずつを、470mlの水で沸騰させないようにとろ火で10分間煮出し、2時間浸出させて濾してからアップルビネガー120mlを加えたものは、黒髪に適した仕上げ用コンディショニングリンスに。

薬効としては、幼児が疝痛や下痢を起こした場合、キャットミントティーを飲ませるとお腹をすっきりさせる効果があります。外用すると軽い切り傷、擦り傷、挫傷に効きます。

■ 使用量

成人：1日2回チンキ液を20滴服用します。

乳幼児と子供：お湯に5～10滴加え、食間に与えます。

イブニングプリムローズ（メマツヨイグサ）
Oenothera biennis

米国原産のイブニングプリムローズは雑草扱いされることもありますし、夕暮れ時にほの白く咲く、香りのよい花ゆえにボーダー用として愛されることもあります。米国のフランボウ・オジブウェ族は挫傷や皮膚病、喘息の治療に用いていました。この他にも、現代の研究によって重要な薬効が発見されつつあります。

■ 歴史

米国からイタリアにあるパドヴァ植物園にイブニングプリムローズの種が伝えられたのは1619年のことです。属名、*oinos*（「ワイン」の意）＋*thera*（「追い払う」の意）をつけたのは古代ギリシャの医師テオフラストスであると考えられています。どうやら二日酔いの薬としても用いられたようです。

■ 特徴

直立性の2年草で、草丈90～150cm程になります。1年目はロゼット状に葉が生え、2年目に茎が伸びて花をつけます。やや濃いめの緑色の葉は槍形で浅い鋸歯を備え、多少粘着性があります。根生葉はロゼット状です。花は直径5cm程、椀形で芳香があり、時間が経つと淡い黄色から金色に色が変化します。開花するのは夕方で、ガが引き寄せられてやってきます。盛夏から秋にかけて咲き続けます。

■ 栽培

春の終わり頃、日当たりと水はけのよい土壌に種をまきます。芽が出たら30cm間隔に間引きましょう。いったん定着するとこぼれ種で旺盛に繁殖します。

■ 利用法

イブニングプリムローズのオイルカプセルからオイルを絞り、ナイトクリームやデイクリームに加えることもできます。特にストレス肌や加齢肌向き処方のクリームには効果的です。普通は1瓶に2カプセルで十分でしょう。

シミができたときに応急対策として直接オイルをつけることも可能です。

薬効としては、イブニングプリムローズから抽出したオイルにはホルモン分泌を調整し、結果として全身の細胞が正常に機能するよう促す作用があります。このため月経前症候群や乳房線維嚢胞病に有効です。統合失調症にもイブニングプリムローズのサプリメントがよく効くという興味深い事実がありますが、その理由を裏づけるメカニズムはまだ解明されていません。

■ 使用量

更年期の症状には、毎晩2～3カプセル（1カプセル500mg含有のもの）を水のみで服用します。

月経前に起こる症状には、月経開始の約14日前から毎晩3カプセル（1カプセル500mg含有のもの）服用します。

子供には、1日当たり250mgのオイルを食事に混ぜて与えます。脂漏性湿疹には、患部のかさぶたが柔らかくなるまでマッサージしながらすり込みます。

■ 注意

てんかんや偏頭痛の症状がある場合は使用を避けます。

スイートバジル（メボウキ）
Ocimum basilicum

窓辺にバジルを1鉢、外のウィンドウボックスにトマトを育てれば、色々なサマーサラダとソースに合う絶妙のコンビの誕生。バジルとトマトはどのように組み合わせても相性抜群なのです。半耐寒性の1年草で暖かな地方が原産のため、太陽の光をとても好みます。

■歴史
バジルはインドのヒンドゥー教徒に神聖視されており、インドから中東を経て、陸路でヨーロッパに伝わりました。16世紀のベルギーには、2個のレンガの間でバジルの葉をつぶすとサソリになるという迷信がありました。また、ボッカチオの小説のヒロイン、リザベッタは恋人の頭部をバジルの鉢に埋め、水の代わりに涙を注ぎました。

■特徴
種類によって細かい葉をたくさんつけるものもあれば、長さ10cm、幅5cm近くなる葉をつけるものもあります。葉は滑らかで光沢があり、シルクのような感触です。強い香りはクローブに似ています。茎は木質化し、徒長して広がる傾向があり、白く小さい筒状花が長い穂状につきます。開花期は盛夏から秋までで、草丈60cm程になります。

■栽培
バジルは窓際で栽培するのが一番ですが、風が当たらないようにすれば屋外でも育ちます。春の終わり頃、十分に暖かくなってから浅く種をまき、夏が本番になる直前に定植します。この時根を傷つけないように注意して下さい。水はけがよく湿り気のある土壌とたっぷりの陽光を好みます。花がつかないようにし、葉を茂らせるために摘芯をします。収穫は下の大きな葉から行いましょう。

■利用法
イタリアとフランスではバジルをガーリックやマツの実と合わせてすりつぶし、ペストソースを作ります。これはスパゲッティにからめるか、スープに混ぜていただきます。

葉は生でも乾燥したものでも殺菌作用を備え、甘い香りとリラックス効果があり、バス用やアフターバス用の化粧品に利用されます。ポプリにもよく使われますが、香りがよいだけではなくハエを追い払う効果もあります。エッセンシャルオイルは強い芳香を持ち、主に石けんや香水に用いられます。

薬効としては刺激作用があるので、悪寒や風邪、インフルエンザ時に利用するとよいでしょう。消化器に関しては胃の炎症に著効がありますし、また生理時の差し込むような腹痛の緩和にも用いられます。バジルはセントジョセフ（ズ）ウォートと呼ばれることがありますが、セントジョーンズウォートと混同しないようにしましょう。

■使用量
チンキ液を1日15滴服用します。

オレガノ（ハナハッカ、ワイルドマジョラム）
Origanum vulgare

マジョラムとは近縁種のため、名前が混ざったりするなどの混乱があります。オレガノは南イタリアのピリッとした香りを持つハーブで、主に乾燥させたものをピザやトマトソースの風味づけに利用します。オレガノなどが「rigani」と呼ばれるギリシャの料理人は、ドライハーブにして使うのがベストであると固く信じています。

■ 歴史

地中海沿岸域原産で、スパイシーな風味の強さは日照と直接比例します。メキシコ料理に使われるチリパウダーの伝統的な材料でもあり、昔からチリソースやチリビーンズの風味づけに利用されています。

■ 特徴

耐寒性1年草で草丈20cm程、茎は木質で濃緑色の葉の長さは約2cmです。白く小さい花が長い穂状につきます。

■ 栽培

たっぷり日光が当たる水はけのよい土壌を好みますが、やせぎみで礫質の土でも大丈夫です。種は春の終わり頃、温度の上がった土壌にまくか、春半ばに、ガラスでおおった鉢か育苗トレーにまきます。オレガノは屋内用のミニプロパゲーター（プラスチックの蓋のついた育苗器）に植えて窓際に置いてやるとよく育ちます。

■ 利用法

イタリアやギリシャの市場では束で売られていますが、生葉はサラダやスープ、ソース、パテ、鳥肉料理に添えると風味を引き立てます。乾燥させたものはトマト、マメ、ナス、ズッキーニ、ライスのほか、ピラフやリゾットなどの料理との相性が抜群です。

葉と花はスイートマジョラムとほぼ同様に使えます。ただし香りの豊かさではかなり劣ります。エッセンシャルオイルはピリッとスパイシーな匂いがしますが、殺菌作用が高いので、石けんや薬用バスオイルに加えるとメリットを生かせます。

薬用としては、咳や肺感染症のほか、疝痛や消化不良など様々なトラブルの治療に用いられています。

■ 使用量

咳が出たり風邪にかかった時は、エッセンシャルオイルをキャリアオイル（スイートアーモンドオイル）に混ぜて胸部に塗ります。

疝痛と消化不良には、1日2回流エキス剤を10滴服用します。

スイートマジョラム
Origanum majorana

スイート（ノッテッド）マジョラムはとてもよい香りを持ち、白、またはモーブ、パープル色の優美な花が穂状に密集してつきます。マジョラムがハーブガーデンでも指折りの装飾植物として扱われるのは、この花のおかげ。葉は乾燥させても凍らせてもOKで料理用に、花は乾燥させればアレンジメントにしても長持ちしますし、ポプリにも利用できるため、植えるだけの価値があるハーブです。

■ 歴史

スイートマジョラムは古代から栽培されています。中央ヨーロッパ原産で、様々な薬効を目的に育てられていました。

■ 特徴

草丈25cm、株張り20cm程になります。茎は硬く木質、徒長して広がる傾向があり、灰色がかった濃緑色の葉は卵形で長さは2cm程です。小さいながらも数多くの花が茎を囲んで房状につきます。蕾はグリーンピース状で「ノット（結び目）」と呼ばれます。マジョラムが「ノッテッドマジョラム」とも呼ばれるのはこのためです。

■ 栽培

日なたの風の当たらない場所と、湿った肥沃な土壌を好みます。霜の降りる心配がなくなった春の終わり頃に種をまきます。土が冷たいと発芽に1ヶ月かかるので、発芽を促すためにまずクローシュをかぶせて温めておくのも一案です。

■ 利用法

キャセロール料理に生葉を添えますが、香りがとばないよう加えるのは食卓に出す直前に。ソースやスタッフィングのほか、少量をサラダに使います。卵料理やチーズ料理、フルーツサラダにも利用できます。

睡眠は美容のための重要な要素の1つですが、十分な量のマジョラムを詰めたハーブピローに頭をあずければゆっくり休むことができるでしょう。葉と花の浸出液か、ローズウォーターにエッセンシャルオイルを数滴加えたものは使い心地も最高のスキントナーに。香り高さでは群を抜くエッセンシャルオイルは、浴槽のお湯かマッサージオイルに加えれば疲労回復に役立ちます。マッサージオイルにして頭皮に数滴すり込めば、ドライヘアに艶が出て抜け毛を防げます。

ハーブ図鑑

高麗ニンジン（朝鮮ニンジン、オタネニンジン）
Panax ginseng

高麗ニンジンは森林地帯に生える目立たない植物ですが、驚くようなパワーを備えるとされています。中国医学では5000年もの昔から利用されている程です。木が生い茂るアジア山中が原産ですが、現在自生しているものはほとんど見られません。韓国、ロシア、英国、米国（主にウィスコンシン州）で商業栽培されています。

■ 歴史

英語名ジンセンは中国語で「人のような」という意味の「人参」に由来します。根が腕、胴体、足を備えた荒削りな人形のように見えるからです。Panaxはギリシャ語で「万能薬」を意味するpanakosからきています。古代道教の思想に基づく強壮剤でもあり、中国医学では生命の源である「気」を補う目的に用いられます。ヨーロッパに伝わったのは9世紀ですが、注目されたのは1950年代になってからでした。

■ 特徴

耐寒性多年草で、直立生の茎に5小葉の掌状複葉が輪生します。春と夏に緑がかった黄色の散形花が咲き、次いで赤い実がなります。草丈は28〜90cm程です。他にも、日本の中央部に自生するのが見られるトチバニンジン（Panax japonicus）や、シベリア原産のエゾウコギ（シベリアジンセン、Eleutherococcus senticosus）、カナダと米国東部に分布するアメリカニンジン（アメリカジンセン、P. quinquefolius）などの薬用種があります。ベトナム戦争では、ベトコンが銃創の治癒を早めるために田七ニンジン（P. pseudo-ginseng）を利用しました。

■ 栽培

発芽率にはむらがあります。種は、水はけがよい砂沃な肥沃な黒土と腐葉土が混ざった、林地タイプの土壌にまきましょう。

■ 利用法

内服すると中枢神経系を刺激するので滋養強壮作用があります。ストレスと慢性疲労の治療には刺激作用による効果が期待できますが、毎日服用してはいけません。

グルコースとコレステロール両方の血中濃度を下げることが証明されていますし、病気に対する抵抗力も高めます。

エゾウコギ（E. senticosus）の有効成分は高麗ニンジン（Panax）の成分に似ていますが、比べると効力は劣ると考えられています。ただしエゾウコギは高麗ニンジンよりも長期間に渡って摂取できるので、長引くストレス治療にはより適しているとされます。

■ 使用量

高麗ニンジンのエリキシル剤（薬を飲みやすくするために甘味をつけたアルコール液剤）を1日当たり小さじ2杯服用します。または市販の乾燥エキス製剤のカプセルを利用します。

センテッドゼラニウム（ニオイゼラニウム）

Pelargonium

*Pelargonium*種は南アフリカ原産です。種類が違えば香りも違います。レモンの香りがするレモンゼラニウム（*P. crispum minor*）、リンゴの香りのアップルゼラニウム（*P. odoratissimum*）、オークの葉の香りのケルキフォリウム（アーモンドゼラニウム、*P. quercifolium*）、バラの香りのローズゼラニウム（*P. graveolens*と*P. radens*）、ナツメグの香りのナツメグゼラニウム（*P. fragrans*）、ペパーミントの香りのペパーミントゼラニウム（*P. tomentosum*）などが例ですが、この他にもたくさんあります。花には香りがありません。

■ 歴史

ペラルゴニウムを見つけたのは英国王チャールズⅠ世おかかえの庭師トラデスカントです。彼は王室の温室で数多くの種を栽培しました。最も初期に英国に持ち込まれたペラルゴニウムに含まれるのがトリステ（*P. triste*）で、これは葉だけでなく花にも香りがある数少ない種の1つです。

■ 特徴

葉の色は濃緑色、淡い緑、緑とクリーム色の斑が入ったものなど様々で、深い切れ込みがあるかフリル状になっています。幅も1〜7.5cm程と様々です。5弁の花は集まって咲き、長持ちします。草丈は種によって30〜90cmと著しく異なります。茎は硬く木質になります。

■ 栽培

春と夏に挿し木をして、風の当たらない半日陰に置いておきましょう。ペラルゴニウムは肥沃な水はけのよい土壌とたっぷりの陽光を好みます。寒さ対策も必要です。屋内で育てる場合は葉が十分に成長するよう1週間に1回肥料を与える必要があります。徒長するのを防ぐため、冬に切り戻しましょう。

■ 利用法

生葉はミルクやクリーム、シロップに浸けて香りを移し、デザートやシャーベット、アイスクリームに。刻んでバターに練り込んだものはサンドイッチやケーキのフィリングになりますし、そのまま飾りにも広く使われます。

花と葉、またはエッセンシャルオイルは、オイリー肌と加齢肌のためのダメージ回復&アンチエイジングクリームに加えれば効果がアップします。エッセンシャルオイルはフローラルな香りが強く、スキンケア化粧品に限らずバスオイルやマッサージクリーム、石けん、オードトワレ、香水、さらには昆虫忌避剤にも用いられます。

薬用としては、アフリカでは*Pelargonium*のうち何種類かの葉を乾燥させたものが下痢の治療に用いられますが、ヨーロッパでは使われません。

パセリ
Petroselinum crispum

縮れた、またはフリルのついた深緑色の葉を持つパセリは、一番よく知られ、飾りつけや料理に最も広く使われるハーブの1つ。装飾性こそ高くないものの、シャープな風味を持ち、平らな葉がコリアンダーを思わせるナポリタンパセリは栽培が容易です。

■歴史
地中海沿岸域の東部が原産で、紀元前3世紀にはすでにギリシャの本草書に最古の記述が見い出されます。古代ローマでは料理や儀式用に利用されていました。

■特徴
草丈45cm、株張り25cm程になります。茎は緑色でみずみずしく、やはり芳香があります。葉はカールしているものもありますし、平らなものもあります。花は黄色がかった緑色で2年目につきます。

■栽培
露地植えの場合は、土が暖かい晩春・夏・秋に、栽培予定場所に直まきするのがベストです。ぬるま湯に種をつけておくと発芽が早まります。種をまくための溝にそって熱湯をかけておくと土が温まりますし、必要な湿気の補給にもなります。冬期はクローシュなどで保護するか、鉢上げして屋内で冬越しさせる必要があります。

■利用法
パセリはスープやソース作り、マリネ、肉類、鳥肉、魚、野菜に合わせて使うなどほとんどの食に関する分野で料理に用いられます。パセリの葉をちょっと添えるだけで料理が華やぐことも多いものです。

すりつぶした葉か絞り汁は治癒促進効果のあるパップやローションとして利用できます。浸出液はクレンジングやクリームに。これはオイリー肌やクモ状静脈のある肌のトリートメントに向いています。ふけ防止およびデオドラント効果もあります。

薬効としては、ビタミンAとCに富み、アレルギー反応を緩和するのに役立つ物質を含んでいます。内服すると生理痛や膀胱炎、前立腺炎の緩和に役立ちますし、胃に関しては疝痛や消化不良を軽減する効果が期待できます。子宮を刺激する作用があるので妊娠中は避ける必要がありますが、出産後に使えば母乳の出をよくする効果があります。

■使用量
1日2回流エキス剤を20滴服用します。

■注意
妊娠中は使用を避けます。

カバカバ
Piper methysticum

　カバカバはコショウ科に属しますが、料理用の他のコショウとは違い、実ではなく根を目的に栽培されます。昔から主に南太平洋諸島で用いられ、伝統的な親睦の場ではリラックス用ハーブとして利用されています。また、文化・宗教的儀式にも使われます。リラックス効果と鎮痛作用から人気が高まりつつあるハーブです。

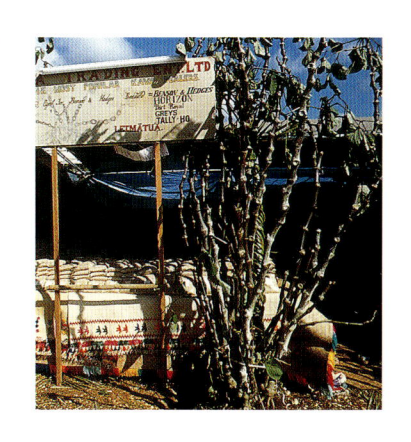

■ 歴史

　カバカバはサンドイッチ（ハワイ）諸島とフィジー諸島原産で、ポリネシアの社会生活の一部として組み込まれています。根茎から、カバ、アバ、カワなどの名で知られる酩酊作用を持つアルコール飲料を作ります。根をかんでその汁をココナッツの実の皮で濾すというのが伝統的な醸造法です。食欲増進、痛みの緩和、痙れんの軽減には少量を飲みます。

■ 特徴

　熱帯に自生する非耐寒性低木で、草丈3.6m、株張り4.8m程になります。枝はアシに似ていて節があります。ほぼハート形の葉には葉脈が浮き出し、横幅が20cm程にまでなることもあります。花は小さく雌雄異花です。根は2kg強位になります。

■ 栽培

　コショウ属は最低でも15℃の気温がないと育ちません。日陰になった水はけのよい土壌と、たっぷりの水分を好みます。熱帯では旺盛に繁茂しますが、さほど気温が上がらない地域では温室でトマトのように仕立てられます。繁殖はランナーか挿し木で行います（法的規制が適用される国もあります）。

■ 利用法

　薬効としては神経と循環系を刺激する作用があります。気分をなごやかにするので不眠症や緊張感の緩和には大変有効です。筋肉の痙れんや関節炎に関わる痛みを軽減する、精神的高揚感を高める、疲労を回復させるなどの効用もあります。

■ 使用量

　1日につき乾燥ハーブの錠剤2錠（100mg）、またはチンキを15〜20滴服用します。（監注：過剰に摂取した場合には肝障害などの副作用の報告があるため、服用には十分な注意が必要です）

バラ
Rosa

ローズウォーターは昔から料理の材料として、特に中東のお菓子に利用されています。ローズヒップのビタミンC含有量は柑橘フルーツより高く、ワインやコーディアル飲料、シロップに用いられています。エッセンシャルオイルである「ローズオットー」は化粧品の定番。バラは古今、薬用ハーブとして高く評価されています。

■歴史

おそらく歴史上で一番最初のガーデンローズは、アポテカリーローズともいわれる*Rosa gallica* var. *officinalis*でしょう。これは13世紀に十字軍がダマスカスからガリアに伝えました。英語で「バラ」を表すroseは、アドニスの血からバラが生じたとされる神話にちなんだギリシャ語、*roden*（「赤い」の意）に由来すると考えられています。ダマスクローズ（*R. x damascena*）は14世紀にペルシャから同様の経路をたどって伝わりました。英国の詩人チョーサーはスイートブライア、別名エグランティン（*R. eglanteria*）を知っていました。英国で道ばたなどに生えている地味なドッグローズ（*R. canina*）からは料理用に最適なローズヒップが取れます。

■特徴

バラは耐寒性落葉樹の低木です。アポテカリーローズはまとまりよく密に葉を茂らせる習性があり、樹高90cm程になります。葉は革状、ピンクから赤色の香り高い半八重花を咲かせます。ダマスクローズはトゲの多い茎をアーチ状に伸ばし、樹高2.1m程、半八重の香りのよいピンクの花を房状につけます。スイートブライアはトゲの多い強健なバラで、葉にはリンゴの香りがあり、杯形一重のローズピンク色の花を咲かせます。樹高は2.4m程になります。ドッグローズはアーチ形を形成するつる性の野バラで、香りのよい一重の花を咲かせます。樹高は3m程です。

■栽培

乾燥気味で白亜質の土壌でよく育つスイートブライア以外は、日当たりがよく、中性〜やや酸性の肥沃な湿った土に植えましょう。冬期に土のついていない状態で購入した株は、地表近くまで切り戻します。後は秋に枯れたり弱って傷んだりした枝を剪定します。肥料は夏に与えます。

■利用法

昔から純粋なローズオイルの抽出用に利用されてきたバラですが、香りの強いガーデンローズの花弁から浸出液を作り、様々なスキンケア化粧品に応用できるローズウォーターにすることもできます。フローラルな匂いの香り高いエッセンシャルオイルは、ダメージ回復＆アンチエイジング化粧品、バスオイル、マッサージオイル、シャンプーなどに使われます。ローズオットーの主成分であるゲラニオールはラベンダー、ペラルゴニウム、レモングラス、ネロリにも含まれています。

ローズマリー（マンネンロウ）
Rosmarinus officinalis

ローズマリーは常緑低木で、乾燥させると香りの大部分が失われるので、生で使うのがベスト。気候が合えば、春から夏まで淡い青色または鮮やかな青色の穂状花を咲かせ続ける素晴らしいハーブです。地中海沿岸が原産で、原産地では群生しています。

■ 歴史

ローズマリーは「海（*marinus*）の露（*ros*）」という意味。この海は地中海のことです。中世英国では、ローズマリーの枝を金色に塗ってリボンで結び、婚礼の招待客に贈る記念品にしていました。元日に渡す伝統的な贈りものでもありました。

■ 特徴

適切な条件下なら、樹高180cm、株張り150cm程になります。葉は表が濃緑色、裏側はシルバーグレーで、長さ2.5cm、幅1cm程です。2枚の唇弁を持つ、長さ約1cmの小さな筒状花が長い穂状になって密につきます。茎は硬く木質化します。

■ 栽培

夏に挿し木をして殖やします。挿し穂は砂質の用土に挿して発根させます。水はけのよい砂質の土壌と、日当たりがよく風雨があまり当たらない場所を好みます。壁にそって扇形に誘引して仕立てれば、広がった樹形も見事な装飾植物として楽しめます。主枝の先を摘心して側枝を茂らせるようにし、冬期には霜や雪から保護しましょう。

■ 利用法

ローズマリーとラム肉は相性がよく、様々な組み合わせかたができます。その他ブーケガルニに入れたり、少量を魚料理に、またライス料理にと利用できます。

ローズマリーは昔からオードトワレに使われる優れた化粧用ハーブです。葉と花から作られる浸出液には治療・殺菌作用があり、あらゆる化粧品に利用できます。葉から採油されるハーブオイルは髪や身体用のマッサージオイルになります。エッセンシャルオイルはローズマリーそのものの香りですが、不純物で水増しされている場合もあるので、できるだけ高品質のものを買い求めるようにして下さい。

薬効としては、ローズマリーのオイルには強力な殺菌作用と抗炎症作用があります。また、抑うつ、倦怠感、偏頭痛と緊張性頭痛、血行不良、消化器系のトラブルの治療には内服します。リューマチや筋肉の痛みには外用すれば症状がやわらぎます。

■ 使用量

キャリアオイル（スイートアーモンドオイル）にエッセンシャルオイルを混ぜ、1日2回関節部に塗ります。
流エキス剤を1日10滴服用します。

ハーブ図鑑

セージ（ヤクヨウサルビア）
Salvia officinalis

セージは常緑の半低木ですが、その葉の色は緑色に限りません。灰色や灰色がかった緑色の、産毛が生えた葉を持つ種類もあれば、濃パープル色の葉と抜群に愛らしいモーブがかった青色の花をつけるものもあります。香りにはかすかにカンファーの匂いが混ざっていますが、いくつかの種類では特に強く香ります。地中海沿岸域が原産です。

■歴史
ラテン語で「救う」を意味する *salvere* に由来する名を持つセージは、はるか昔から薬用植物として扱われてきました。古代ローマ時代にはやはり薬としての用途が中心でしたが、中世英国では主に料理用ハーブとして定着しました。

■特徴
草丈60cm、株張り45cm程になります。茎は木質で葉は長円形、長さは6.5cm、幅2cm程です。盛夏に咲く花は大きさ2.5cm程で、長くカーブした花穂に房状につきます。

■栽培
セージは水はけのよい土壌と日当たりのよい場所を好みます。春に種をまいて育てるか、夏に挿し穂を取って挿し、直射日光や風の当たらない所に置いておきます。木質化しやすく徒長して広がる傾向があるので、数年ごとに挿し木をして株を新しくします。花が咲く前に茎を刈り込めば葉を茂らせることができます。

■利用法
セージは料理にもよく使われるハーブで、豚肉やチーズと合います。また、昔からオニオンと合わせてスタッフィングに用いられます。

葉と花の浸出液には収れん作用があり、オイリー肌やトラブル肌を整えるクレンジングやトニックとして化粧品に利用できます。黒髪のコンディショナー、さらに色を濃くするカラーリング剤にもなります。

薬用としては手近な殺菌剤として使えますし、絞り汁には抗炎症・殺菌作用があります。セージのエキスには平滑筋（内臓にある筋肉）を効果的にリラックスさせる効果もあります。母乳の出が多すぎる場合はセージを摂取すれば分泌を抑制できます。エストロゲン様の刺激作用があるので、更年期の不調にも効果的です。また、生殖力を高めたり消化器系の不調を緩和するのにも使われます。

■使用量
1日2回流エキス剤を20滴服用します。

■注意
妊娠中は利用を避けます。

クラリセージ（オニサルビア）
Salvia sclarea

　南ヨーロッパ原産で、英国には16世紀に伝わりました。当時はビールの醸造や、エルダーフラワー（エルダーの花）と合わせてワインにマスカットの風味をつけるのに利用されました。セージとは近縁種で、装飾植物でもあります。普通は1年草とされますが、実際は2年草です。

■歴史
　16世紀の植物学者はセージについて「体温を上げ、生気を養い、記憶力を高める」と記しています。また当時は葉をオムレツに入れる、クリームで煮る、フリッターにしてオレンジジュースやレモンジュースに添えるなどの使い方もありました。

■特徴
　草丈90cm、株張り30cm程になります。葉は濃緑色、産毛が生えた長円形で、長さは20cm位です。苞は長さおよそ5cmで、株の頂部に伸びる分枝したまっすぐな茎に穂状につきます。苞の色にはモーブ、パープル、白、ピンクなどがあります。香りはややバルサム様で、苦い味がします。

■栽培
　春に種をまいて育てると翌年に開花します。砂質の土壌を好みます。厳冬を越させるには、暖かく風雨があまり当たらない場所に植える必要があります。

■利用法
　強い芳香のある葉は、少量をスープや自家製のワイン・ビールに加えます。フリッターにしてもよいでしょう。
　肌をいたわり色つやを改善する効果を併せ持つスキンローションを作ることもできます。先端部をひとつかみ分摘み、すぐに235mlの熱湯に入れます。これを冷ましてから濾して使います。葉をひとつかみミルクか水に入れ、10分間とろ火で煮たものは、目が炎症を起こした際の洗浄液に。少し冷めてからチーズクロスなどの綿布で濾し、暖かいうちに使います。エッセンシャルオイルをバスオイルやマッサージオイルに加えて用いるとむくみや腫れがやわらぎます。
　薬用としては葉から浸出液（ティー）を作って、喉感染症の際のうがい液にしたり、切り傷・擦り傷につけたりします。嘔吐を抑え、食欲を増進させる伝統的なハーブ薬にも使われています。

■使用量
　1日2回チンキ液を15〜20滴服用します。またはクラリセージティーを1日当たり2〜3杯飲みます。

エルダー（セイヨウニワトコ）
Sambucus nigra

春が来ると、待ち望んでいたエルダーの花の甘い香りが道に漂います。そんなエルダーの花はクリームホワイト、散形に近い穂状花です。ヨーロッパや西アジアに広く分布し、北米ではアメリカ先住民が近縁種のアメリカニワトコ（*Sambucus canadensis*）を民間薬として利用していました。

■歴史
エルダーは昔から民間伝承と色濃く関わっています。家の外に植えておくと魔女を寄せつけず、落雷から家を守る効用があると考えられていました。エルダーの木を切り倒すと不幸に見舞われるともいわれていました。

■特徴
樹高9mまたはそれ以上、枝張り2.7m位になりますが、大抵はこれよりずっと小作りです。葉はくすんだ濃緑色で長さは10cm程、細かい鋸歯があります。散形にも見える小さい花が房状に咲き、強い芳香を漂わせます。紫がかった黒色の実は小球状で、房になってつきます。

■栽培
花の香りを十二分に楽しみたい場合は、湿った土壌とたっぷりの陽光が必要です。秋に木質化した枝を使って直接地面に挿し木をします。

■利用法
エルダーの花は昔からフルーツの香りづけに利用されています。特にグースベリーとの相性は抜群です。エルダーの実（リンゴと合わせるのが普通です）はゼリーや砂糖漬け、ジャムにしますが、花と実からはいずれも素晴らしいワインができます。花はレモンや砂糖と合わせてサマードリンクやコーディアルの風味づけに使います。

その昔、エルダーの木は余すところなくボディ＆ヘア用の薬やローションに利用されていました。その効果は現在でも変わりありません。花の浸出液には穏やかな漂白効果があり、手、顔、ボディに使える、肌をソフトに整えるクレンジング、トニック、コンディショナーが作れます。葉の煎出液は治癒促進作用を持ち、シミや日焼け・風焼けした肌のケアに利用できます。花は金髪と加齢で色がくすんだ髪を明るくするコンディショナーに、実は黒髪用の白髪染めに。

薬効としては、体温を上げて風邪の治りを早める作用があります。風邪の引き始めにエルダーの熱いティーを飲むと発汗を促し、身体のウィルスを殺す能力が高まります。外用すると皮膚の炎症を効果的に緩和します。

■使用量
浸出液（ティー）を作って1日2〜3回飲みます。または葉、樹皮、花から作ったチンキを1日2回15〜20滴服用します。
必要に応じてクリームを塗ります。

■注意
エルダーの種は毒性があるので利用を避けます。

ノコギリヤシ（ソウパルメット）
Serenoa repens syn. S. serrulata

ノースカロライナからフロリダキーズ諸島、ミシシッピ、ルイジアナ州の低木地が原産地で、ヤシの木に似ています。実は昔から男女問わず効く性的強壮剤や催淫薬として通っています。尿路の不調の改善や体力増進を目的に広く利用されます。

■ 歴史

属名は米国の分類学者セリーノ・ワトソン（1826-1892）に由来します。元々アメリカ先住民の重要な食物だったノコギリヤシの実は、後に移民者にも重要視されるようになりました。優れた滋養強壮作用があると考えられています。

■ 特徴

ノコギリヤシは90cm～3.9m程になり、野生では根が地下を伸びて木立を形成します。90cm位の長く硬い葉は扇形に広がり、黄色か灰色がかった緑色で、幅は狭く先がとがり、ロウ質の場合もあります。アイボリー色の花には芳香があり、伸びた茎に房状に咲きます。実の長さは2.5cm程、熟すと黒くなります。中身は茶色で種があります。

■ 栽培

自生のものを移植してもうまく根づかず、庭ではほとんど栽培されませんが、室内用の鉢植え植物として育てることができます。ノコギリヤシは最低でも10℃以上の気温が必要で、湿度と湿った土壌（水浸しは不可）を好みます。種から殖やして鉢植えし、夏を通して2週間おきに肥料を与えます。

■ 利用法

薬用としては、昔から鎮静・強壮作用を目的に利用されていました。しかし、実を内服すると男性のインポテンスのほか、加齢による良性前立腺肥大およびこれに伴う膀胱炎によく効くことがすぐにわかりました。果実には肥大した前立腺がそれ以上大きくなるのを抑える効果があるようですし、中には縮小したケースも認められます。まだよく解明されていませんが、身体のホルモン系に働きかける作用があるようです。ただし催淫効果は実証されていません。

■ 使用量

1日2回チンキ液を20滴服用します。または粉末エキスを含む標準化カプセルを利用します。

ハーブ図鑑

マリアアザミ（オオアザミ、ミルクシスル）
Silybum marianum

白い網目模様の葉脈を持ち、パープル色のアザミらしい花を咲かせるトゲだらけのマリアアザミは、ボーダーやグラベルガーデンに植えればひときわ存在感を醸し出します。アフリカ、地中海沿岸、中央ヨーロッパの山々や岩場の低木地帯が原産です。北米の乾燥した礫質の土壌地帯でも野生化しています。

■ 歴史
属名は、古代ギリシャの医師ディオスコリデスがアザミ類を総称して*silybon*と呼んだことに由来します。*marianum*は、聖母マリアのお乳が葉の上を流れて白い葉脈になったという伝説から後でつけ加えられました。ここから、母乳の出をよくする目的にも用いられています。

■ 特徴
非常に耐寒性の高い1年草または2年草で、葉は縁にトゲがあって羽状にぎざぎざの切れ込みが入り、白い葉脈と白い網目模様が浮かび出ています。アザミらしい頭状花が盛夏に咲き、次いで黒い種ができます。草丈120cm、株張り60cm程になります。

■ 栽培
日当たりと水はけのよい土壌に種をまき、苗間が60cmになるように間引きします。湿り気が多すぎる土は好みません。美しい葉を保つには花のついた茎を剪定します。

■ 利用法
薬効として、種には肝臓をいたわる効果があり、肝機能を保護するにとどまらず、その機能を高め、肝細胞の再生を促進する作用さえもあります。これは肝硬変や肝炎（いずれも命に関わる病気です）の治療においても大変注目されるところです。

■ 使用量
1日2回チンキ液を20滴服用します。またはマリアアザミの粉末エキスの標準化カプセルを利用します。

コンフリー（ヒレハリソウ）
Symphytum officinale

中世時代、コンフリーは自分で適用できる薬として数多くの目的に使われていたため、万能薬扱いで重宝されていました。アジアとヨーロッパが原産で、北米の温暖な地域でも旺盛に繁茂します。きちんと管理しないと、まるで雑草のようにはびこってしまう程です。

■ 歴史

根と葉を腫脹、捻挫、挫傷、切り傷の治療に、膿瘍、おでき、刺し傷にはパップにして利用していました。

■ 特徴

多年草で、くすんだ濃緑色の葉には細かい毛が生えていて、長さ20cm程になります。香りはなく、魅力的とはいえません。釣り鐘形の花はうすむらさき色で、房をなして下向きに咲きます。根は太く先細りで、際限なく殖えます。草丈は90cm、株張り45cm程になります。

■ 栽培

株が1つ、または根が少々（芽がついていてもなくても構いません）あればコンフリーは根づいて周囲に繁殖します。真冬以外ならいつでも株分けできます。根の小片は深くまで根を伸ばせる湿った土壌に植えます。根は最低で90cm位下に伸びるためです。コンフリーにはカリ分が高濃度に含まれるので、土壌への天然の養分となります。

■ 利用法

ボリジと近縁種なので、同様の使い方ができます。

コンフリーは皮膚のトラブルにもよく効くハーブです。根で煎出液を作って用いてもよいですし、葉の浸出液には治癒促進および殺菌作用があるので、フェイスパックやスチーム、クリーム、ローションに利用してもよいでしょう。

薬用としては、群を抜いて知名度の高い治療用ハーブといってもよいでしょう。コンフリーのクリームは傷や湿疹、乾癬、痔疾、皮膚潰瘍にとてもよく効きます。

■ 使用量

必要に応じてクリームを局所に塗ります。

■ 厳重注意

肝障害を起こす危険、また発ガン性を指摘する声もあります。内服は絶対に避けてください。

タイム（タチジャコウソウ）
Thymus vulgaris

タイムは陽光をとても好むハーブで、香りは何といっても地中海沿岸の太陽が照りつける丘に自生しているものがベスト。レモンタイム（*Thymus citriodorus*）、キャラウェイタイム（*T. herba-barona*）などの種類もあります。シェイクスピアが触れている英国のワイルドタイムは *T. drucei* です。

■ 歴史

タイムは料理用として記録されている最古のハーブの1つで、おそらく古代ギリシャ時代よりはるか昔から使われていたと思われます。古代ローマ人は重要な食材の1つとして英国にタイムを携えていきました。ニコラス・カルペパーは1つの用途しか見い出していずず、『本草書』には「葉の浸出液は飲酒による頭痛を治す」と記しています。

■ 特徴

タイムは背が高くならない半低木で、不規則に木質化し広がる傾向があります。草丈と株張りはいずれも20cm位です。葉はとても小さく長さ半cm程、種類によって緑、灰色がかった緑、黄、斑入りなどの色があります。初夏から株をおおうように咲く花は、分枝の先に房状につきます。

■ 栽培

日光さえたっぷり当たれば、やせた礫質の土でもよく育ちます。夏に挿し木で殖やすこともできますし、取り木（枝を伏せてU字ワイヤーなどで土に固定し発根させる方法）も可能です。厳冬期には保護する必要があります。這性のワイルドタイム（*T. pulegioides*）は花も楽しめる芝生として植えられます。

■ 利用法

タイムは昔からパセリと合わせてチキンや豚肉のスタッフィングに使われます。さらにベイリーフを加えればブーケガルニになります。マリネのオイルと特に相性がよいほか、ズッキーニやナス、トマトとも合います。

葉の浸出液には収れん作用があります。葉を浸けたハーブオイルは鎮痛効果もあるボディ用マッサージオイルに。さらにタイムには殺菌・デオドラント作用と、ふけを防ぎ髪を整える効果もあります。シャープで強い香りのエッセンシャルオイルはアクネの治療に有効です。

咳や風邪、または気管支炎や喘息などのより重い症状には内服します。粘液を除去する効用があるため、カタルによる不調の改善にはタイムが適します。

■ 使用量

1日2回チンキ液を20滴服用します。

フェネグリーク（コロハ）
Trigonella foenum-graecum

フェネグリークは古代から地中海沿岸域で栽培されています。スプラウト（もやし）はスパイシーなサラダに。成熟した葉と軽くローストした種は主にカレーのスパイスに用いられます。種にはクマリンが含まれ、種を挽いたものは市販のカレー粉の主な材料でもあります。

■ 歴史

西アジア原産で、地中海に面する各国（特にエジプト）で広く栽培されました。北ヨーロッパでは主に飼料として干し草に混ぜる目的で育てられていました。

■ 特徴

半耐寒性1年草で、草丈60cm、株張り20cm程になります。葉はクローバーに似た三つ葉で、マメ科らしい花は晩春に咲き、クリーム色か淡い黄色です。種は小さく淡い茶色をしています。軽くローストするとさらに香りが引き出されます。

■ 栽培

種は春半ばにまいて室内で管理するか、晩春に土が暖かくなってから露地に直まきします。肥沃で水はけのよい土壌とたっぷり陽光の当たる場所を好みます。種をまく場所は日当たりがよいことが必要条件です。

■ 利用法

スプラウトはサラダに向き、ヴィネグレットドレッシングであえるとおいしく食べられます。ローストした種はカレーのほか、中東のとても甘い砂糖菓子のハルバにも用いられます。種から作ったティーを飲むのを習慣にすると、身体から甘い香りがするようになるといわれます。種を10分間煮てつぶしたものをパップにして当てればしつこいニキビや吹き出ものを抑えるなど、皮膚の状態を改善する効果が期待できます。

薬効としては、筋肉の痙れんを緩和する作用があります。このため、生理痛や陣痛の際に使われます。伝統的に非インスリン依存性糖尿病や胃の炎症、消化器の不調、生理痛の治療に利用されてきたハーブです。

外用すれば関節炎の緩和に役立ちます。

■ 使用量

1日2回チンキ液を20滴服用します。

バレリアン（セイヨウカノコソウ）
Valeriana officinalis

バレリアンは中世ヨーロッパで「オールヒール（万能薬）」として知られていました。レッドバレリアン（*Centranthus ruber*）と混同しないようにして下さい。バレリアンは背が高く軽やかな草姿のハーブで、ガーデンでは湿った場所に向きます。日当たりは選びません。ヨーロッパとアジアの温暖な地方が原産地で、米国でも野生化しています。湿り気の多い草地や牧草地、水辺に生えています。

■歴史
名前の由来は、おそらくラテン語で「健康になる」を意味する*valere*にあると思われます。ヒポクラテスもバレリアンを勧めていますし、11世紀に記されたアングロサクソン民族の医学教科書にも記載されています。修道院でもスパイスや香料として広く栽培されていました。根のにおいは汗臭い皮のようで、ネコやネズミが非常に好みます。なんとハーメルンの笛吹き男はポケットに根を入れていたともいわれます。世界第一次大戦では「シェルショック（戦争神経症）」の治療に用いられました。

■特徴
耐寒性多年草で、茎は中空、草丈120cm程になります。羽状葉には鋸歯があり、鮮やかな緑色です。初夏から盛夏にかけて淡いピンクか白色の花が先端に房状に咲きます。

■栽培
春に種を床まきして室内で管理するかまたは露地に直まきして殖やします。日当たりや土壌は問いませんが、根が蒸れない場所に植えて下さい。

■利用法
バレリアンの根を乾燥させて細かくしたものをひとつかみ強と、カモミールの花を乾燥させたものふたつかみ分を浴槽のお湯に加えて入浴すると眠りを誘う効果があります。

薬効としては根に睡眠とリラクゼーションを誘う作用があるので、結果として身体が自らの治癒力を一番必要な部分へ向けるようにしてくれます。

伝統的な薬用の用途としては、ヒステリー、痛みを伴う痙れん、消化不良、高血圧、生理痛、動悸、不眠症などがあります。

■使用量
床につく前に催眠剤として流エキス剤を25～30滴服用するのがお勧めです。

ジンジャー（ショウガ）
Zingiber officinale

ジンジャールート（根）は何世紀にも渡って風味づけに好んで利用されてきました。東洋の料理には欠かせない食材であり、薬用ハーブとしても古くから重要視されています。東南アジア原産のジンジャーは熱帯性のハーブで、オーストラリア、アフリカ、南米、西インド諸島、フロリダ、中国、日本などに分布しています。

■ 歴史

ジンジャーの名前はサンスクリット語の*singabera*に由来します。中国の漢王朝（紀元25〜200）時代には「万能薬」と記述されています。東洋から古代ギリシャとローマに輸入されたのは紀元200年のことです。英国では14世紀からペッパーに次いで重要なスパイスとされていましたし、16世紀にはスペイン人が東インドから南北アメリカにジンジャーを伝えました。

■ 特徴

落葉性の多年草で太く枝分かれする根茎を持ち、太く頑健な茎が直立します。鮮やかな緑色の葉は大きく披針形で、長さ20cm程です。花は黄色がかった緑色で、濃パープル色の唇弁があり、黄色の斑紋がついています。花が終わると多肉質でカプセル状の実ができます。草丈は2.7m程です。

■ 栽培

ジンジャーは非耐寒性の作物で、通常は1年草として扱われます。熱帯地方では日なたまたは半日陰の露地に植えられます。涼しい地方の場合、夏は観葉植物として露地栽培できますが、霜の恐れがある時は保護しなければなりません。春に株分けで殖やし（簡単に分かれます）、毎年別の鉢に植え替える必要があります。

■ 利用法

乾燥根の粉末から作る浸出液には強い香りがあり、赤い髪の色を明るくする作用があります。薬用としては吐き気と乗り物酔いを抑制する効果があり、つわりの緩和によく使われるハーブともなっています。ただし、推奨服用量内であれば十分安全ですが、大量摂取は危険なことがわかっています。また昔から皮膚の炎症に用いられ、この場合外用および内服両方の方法が利用できます。ジンジャーのエキスには身体を温める作用があり、感染症に対する免疫反応を高めるので、風邪やインフルエンザにも。

■ 使用量

1日2回チンキ液25滴を服用するか、濃縮乾燥ジンジャールートのカプセルを利用します。ティーにする場合は生のジンジャーのスライスをつぶし、浸出液に加えます。

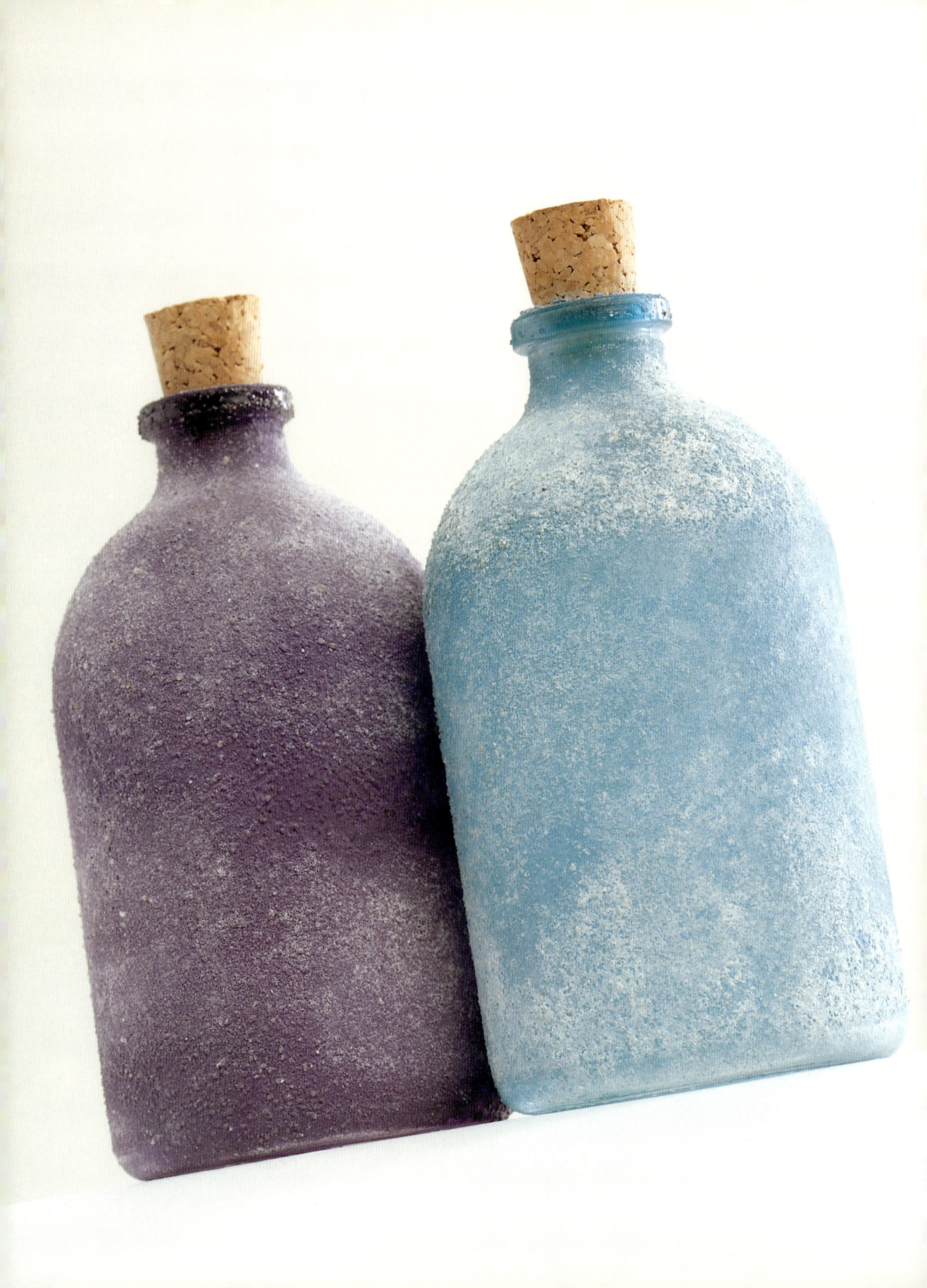

ハーブで作る化粧品

　今、肌やボディ、髪のケアには化学物質からできた市販品よりも、ナチュラルでオーガニックな成分の方が効果的なことに気づいている人が男女を問わず増えています。市販の化粧品が有害かどうかは別にしても、ナチュラルな成分は効果こそあれ害はありません。かつて治療用の軟膏やクリームの材料はハーブや野菜、フルーツ、ナッツ、マメ、穀類だけでした。これらには有用なオイル、ペクチン、ミネラル、ビタミン、その他の複雑な成分が含まれており、現在製薬会社や化粧品会社も詳細な調査や試験を行っています。

　ナチュラルな材料に秘められた治癒促進力をよく知れば、肌のコンディションに合ったハーブを自在に選び、心身を癒すバスタイムや痛みをやわらげるボディバームで心ゆくまでリラックスすることができるようになります。ナチュラルなデオドラント剤やマウスフレッシュナーには、長期間使うと悪影響を及ぼしかねない化学物質も入っていません。ヘアケア剤も同様で、穏やかながら確かな効果が望めますし、もちろん化学物質フリーです。

　ストレスは健康と外見に悪影響をもたらします。総合的な健康増進には健全な食生活とヘルシーなライフスタイルが重要な役割を果たすわけですが、心に働きかけて何より強力に緊張を解きほぐすもののひとつが香水です。香水はその香りの心地よさに身を任せることもできますし、意欲を高めるためにも使えます。

　毎日の肌のお手入れの基本といえばディクリームとローションですが、肌の特徴を心得ていれば、ハーブの化粧品でスペシャルケアや緊急ケアをプラスすることも可能。甘い香りのフェイスクリームからシンプルなハンド＆フットローションまで、ハーブの化粧品は材料費もほとんどかからずセラピー効果も確かな上、自分で工夫して作る楽しみを味わえます。

ハーブの処方とテクニック

以下に紹介するのは自分に合った化粧品を家庭で作るために用いる、シンプルで効果抜群の材料とテクニック。実用に徹していますが、とても優れたセラピー作用があります。

浸出液

ハーブや花から濃く出したお茶と思えばよいでしょう。スキンクリームやローションを作る際のケア成分によく使われますし、フェイシャルリンスとしても優れています。以下に材料の各分量をあげましたが、加減して濃い、または薄い浸出液にすることも可能です。陶器製のティーポットかボウルで作るのがベストです。有害成分が溶け出してしまうためアルミニウム製は厳禁です。冷蔵庫に入れても3日間しかもちませんので注意を。

1 ティーポットに生のハーブまたは花なら115g、乾燥させたものなら55gを入れ、沸騰させた精製水かミネラルウォーター470mlを注ぎます。蓋をして3時間そのまま置いておきます。
2 じょうごにペーパーフィルターをセットし、ゆっくり浸出液を注いで濾過します。

フラワーウォーター

浸出液と同様に化粧品に利用されますが、より強く甘い香りを持ち、もっぱらオードトワレやパヒューム用に作られるのが普通です。作り方も浸出液と同じですが、一晩置いておくところが違います。エルダーフラワー、バラ、ラベンダーからは特に素晴らしい香りのフラワーウォーターができます。

ハーブエッセンスとフラワーエッセンス

エッセンシャルオイルから作られます。自家製のハーブウォーターやフラワーウォーターはどうしても芳香に深みが欠けることがありますが、そんな時に香りを添えるために用います。また経済的なオードトワレとしても使えます。作り方ですが、まずハーブまたはフラワーのエッセンシャルオイルを大さじ1杯用意し、470mlの純アルコールかウオッカ、またはジンと一緒に瓶に入れます。これをよく振って混ぜ、数日程おいてから使います。

使用に際してはエッセンス大さじ1杯に精製水2カップ（480ml）の割合で薄めます。

エッセンシャルオイル

野生または栽培された植物の花、樹皮、種、穀粒、根、樹脂、果皮など芳香を有する部分から得られます。非常に濃縮度が高いため、ごく少量をラベルの注意書きにきちんと従って使わなければいけません。製造過程で大量に原材料を必要とするため、とても高価です。それでも良質のものを買い求めるほうがよいでしょう。安価なオイルは薄められたり不純物を加えられたりしている例が多く、効果の点で劣るからです。

ハーブオイルとフラワーオイル

市販用に製造されたエッセンシャルオイルより濃度は下です。多くのケースで、ボディローションやスキンケア化粧品に入れるオリーブオイルの代わりに使うことができます。しかもこちらには香りとケア効果つきです。また、マッサージオイルとしても最適です。

材料は生のハーブまたは花弁なら55g、乾燥させたものなら28gに、オリーブオイル470ml、純アルコールかウォッカかジン、またはアップルビネガー大さじ1杯です。

1. 花弁やハーブを乳鉢に入れ、オリーブオイル少々とともに乳棒でつぶします。
2. 1を大きなガラス瓶に移し、残りのオイルとアルコールまたはビネガーを加えます。堅く蓋をしてよく振ります。
3. 深い片手鍋などにお皿を返して置き、その上に2の瓶を乗せます（蓋はゆるめます）。オイルの高さまでお湯を入れ、1時間程一定の弱火でごく穏やかに湯煎します。これを毎日繰り返します。
4. 2週間後にナイロンのストレーナーで3を濾します。この時ハーブや花弁をストレーナーによく押しつけてオイルを切りましょう。オイルに暖かみのあるよい香りがつくまでこの過程を繰り返しますが、普通は2回で十分です。後は適切な瓶に入れて密封しておきます。

ハーブビネガーとフラワービネガー

　ハーブビネガーとフラワービネガーにはセラピー作用があります。バラとエルダーフラワーは頭痛によるイライラを鎮めますし、ラベンダーは筋肉の痛みと炎症を緩和します。ビネガーといってもマイルドですし、スキントナーに用いたり、浴槽のお湯に加えたりすれば肌のpHバランスを整える効果も期待できます。アストリンゼントに加えれば優れた効果を発揮し、シャンプーの最後にリンスとして使えば髪を整えて艶を出します。浴槽のお湯に加える場合は色々なハーブや花を取り合わせたものがベストです。材料は生のハーブまたは花弁なら55g、乾燥させたものなら28gに、アップルビネガー470ml。生のものはそのまま使いますが、乾燥ハーブと花は乳鉢に入れ、少量のビネガーを加えて乳棒でつぶしてから利用します。

1. 蓋がプラスティック製のガラス瓶を湯煎などで温め、ハーブまたは花弁をスプーンで入れます。
2. ビネガーを熱し、熱くなったらすぐに火を止めてゆっくり瓶に注ぎます。
3. 堅く蓋をしてよく振り、日当たりのよい窓際に1ヶ月間置

いておきます。瓶は毎日振ります。
4 濾してから適当な瓶に移し替えて密封します。

ハーブスチーム

　肌の深部までクレンジングするなら、ハーブスチームを行うのが一番効果的です。スチームは肌をリラックスさせて汚れの排泄を促進し、同時に肌細胞へ栄養素を届けて毒素が排出されるよう促します。これに用いられるハーブには化粧品としての効果のみならず、セラピー的な作用があります。肌を癒し、落ち着かせ、浄化し、刺激して張りを与えてくれるのです。腫れものの膿を出すのに役立つものもありますし、毛穴のクレンジングに適したハーブもありますが、いずれにしても鎮静とリラックス効果を持ち合わせています。

　ただしひどいドライ肌や敏感肌、クモ状静脈がある場合はスチームを行わないほうがよいでしょう。熱がよけいな炎症を引き起こす恐れがあるからです。アクネの場合も症状を悪化させ、感染部位の拡大につながりかねません。喘息にかかっているか、その他呼吸関係の不調がある場合は絶対にスチームを利用しないで下さい。

1 髪をカバーし、顔をきれいに洗います。
2 適切なハーブ（いくつか組み合わせても可）をふたつかみ大きなボウルに入れ、沸騰したお湯800mlを張ります。
3 水面から30cm程上に顔を差し出し、スチームが逃げないようボウルもおおうように厚いタオルを頭からかぶり、そのまま10分間スチームに当たります。
4 タオルを押し当てるようにして水分を取り、トナーか浸出液、ぬるま湯でほてりを鎮めてから保湿剤をつけます。肌が冷めて落ち着くまで冷たい空気にさらさないようにしましょう。

フェイスパックとパップ

　定期的にクレンジングと活性効果のあるパックをすると、肌質を問わずメリットがあります。このパックは血行を促進するだけではなく、栄養が十分肌に届くよう促すため、肌の張りやきめ、血色を改善します。また、トラブル肌の奥深くから汚れを取り除く吸着作用によって治癒促進効果を期待できるパックや、疲れた肌や成熟肌を若返らせるパックもあります。保湿、美白、整肌作用を持つパックもそろっています。

　パックとパップにはできれば生のハーブを使いましょう。こちらのほうがかさのあるパップ剤ができますし、オートミールやフラー土、カオリンなどの増粘剤を加えなくても利用できるからです。ただ、これらの添加物自体にも効能があります。オートミールには漂白・柔軟作用、フラー土にはクレンジング・活性作用、カオリンには深部から汚れを吸着する作用が備わっています。乾燥ハーブでも十二分にフェイスパックは作れますが、その効果を引き出すにはお湯につけて戻さねばならないため、温かい状態でしか使えません。浸出液は、生または乾燥ハーブどちらの場合でも増粘剤と合わせて使います。

　フェイスケアは、まず髪をしっかりカバーし、肌をきれいに洗ってから始めるようにしましょう。種類を問わず、パックの際は必ずデリケートな目と口の周囲を避けて塗ります。パックを塗ったら所定の時間だけ待ち、後はぬるま湯ですすいで下さい。

ホットパックの作り方

1. 肌にあったハーブ（いくつか組み合わせても可）を刻み、ひたひたになる位のお湯に浸けて柔らかくします。適当なペースト状になる程度の水分を残して余分なお湯を絞ります。
2. 肌をおおうようにハーブを厚めに広げます。そのまま使ってもかまいませんし、増粘剤を加えればセラピー効果と塗りやすさがプラスされます。

コールドパックの作り方

1. 生の葉や花弁をたっぷりひとつかみ分用意し、少量の精製水とともにミキサーにかけて細かくします。
2. そのまま顔に塗るか、増粘剤を加えて使います。

湯煎

　オリジナルのクリームや軟膏、バーム、スキントナーを作るには湯煎という手順を踏む必要があります。鍋に5〜10cm程の深さにお湯を張り、そこに重ねた陶器製のボウルにミツロウやオイルを入れて溶かします。とろ火で静かにお湯を沸騰させることで、ボウルの中身を間接的に熱するわけです。直接火にかけると中身が焦げたり粘り気が出てしまいます。2種類の材料を同時に同じ温度にする必要がある場合は、2つのボウルを同様に湯煎して温めます。

1　鍋のお湯を静かに煮立たせた状態でボウルを重ねます。

2　ミツロウ（すりつぶすか細かく刻んでおきます）を適切なオイル（エッセンシャルオイル以外）と一緒にボウルに入れ、穏やかに熱を加えながらゆっくり溶かします。水や浸出液などの液体は別のボウルに入れて同様に熱します。

容器と保存

　どんなものでも一度にたくさん作るのはお勧めできません。レシピに載せた分量は、肌に合うかどうか様子を見るのに十分な、しかも長期の保存によって新鮮さが失われないうちに使い切れる量が出来上がるようになっています。保存容器は必ずプラスチックの蓋かコルクまたはガラス栓がついているものを用い、使う前に全て念入りに洗って乾かしておきましょう。旅行で持っていく時は密封できるかどうかがとても重要になります。暑い地域ではとりわけ注意が必要です。材料の多くは低い温度で溶け出すためです。ベンゾインのチンキを加えると保存作用があり、特に浸出液を使う場合は効果的なのですが、やはりナチュラルなものは冷蔵庫に保存しておくのがベストです。

アレルギー反応

　性質がよく知られて広く使われているハーブにアレルギー反応（通常は刺激や小さな発疹および丘疹などの形で現れます）を起こすのは非常にまれです。特に肌質に合ったハーブを利用している場合はめったにそういうことはありません。ただし、エッセンシャルオイルもそうですが、ミツロウやオイルも種類によっては有害な反応を引き起こす場合があります。心配な場合は以下の簡単なテストを行ってみて下さい。

1　非アレルギー性の小さな絆創膏を用意し、ガーゼパッド部分にハーブやロウ、オイルなど試したいものを少量つけます。
2　絆創膏をひじの上、二の腕の内側のやわらかい皮膚にしっかり貼りつけます。
3　24時間そのままにしておいてから様子を見ます。反応があれば、湿疹や小さな丘疹が出ているはずです。

材料の用語解説

- **フラー土**——非常に吸着性の高い粘土で、脂を吸着する性質があるため、かつてはウールの布地の処理に使われていました。この特徴から、肌の余分な油分を取り除き、毛穴の詰まりが原因で起こるトラブルを軽減します。専門の薬局やハーブ専門店で扱っています。

- **ビール酵母**——ビール醸造に使われる酵母で、肌を刺激して吹き出ものの膿を出すのに使えます。ビタミンBやミネラル、プロティンを豊富に含み、とりわけオイリー肌のクレンジング用パックに向いています。健康食品店や専門の薬局、ハーブ専門店で手に入ります。

- **カオリン**——きめの細かい白または黄色か灰色がかった粘土で、薬や化粧品に吸着剤として含まれています。皮膚の重い膿瘍の膿を出す独特の効用があるため、カオリンのパップは今も使われています。また結合剤としても優れています。専門の薬局やハーブ専門店で扱っています。

- **ホウ砂**——ホウ酸ナトリウムは硬水を軟水にするために用いられますが、乳化剤にもなります。また洗浄作用もあります。専門の薬局で扱っています。

- **ミツロウ**——ハチの巣から取れる黄色がかったロウです。栄養補給とエモリエント効果があり、高い融点を持ちます。ホウ砂と混ぜると乳化剤になり、水とオイルを使うレシピではこの2つが分離するのを防ぎます。大抵の健康食品店やクラフトショップ、ハーブ専門店、ハチミツ販売業者で扱っています。

- **スイートアーモンドオイル**——スイートアーモンドから取れるオイルです。栄養分に富んで刺激がなく、化粧品や薬にとても広く使われています。

- **アロエベラジュース**——アロエベラから直接採取されます（参照→「ハーブ図鑑」のP.53）。健康食品店やハーブ専門店、専門の薬局で手に入ります。純粋な製品を買い求めるため、必ず国際アロエ科学評議会（IASC：The International Aloe Science Council）の認証マークがついているものを使って下さい。

- **グリセリン**——粘稠性のある無色透明の液体で水溶性です。オイリーなのでドライ肌用トリートメントやバス用品によく使われます。薬局で手に入ります。

- **ウィッチヘーゼルウォーター**——ウィッチヘーゼルの樹皮の蒸留液で、収れんと殺菌作用があります。医薬品や化粧品に広く使われています。薬局で手に入ります。

- **ターキーレッドオイル（ロート油）**——ヒマシ油に特別な処理を加えたもので、浴槽のお湯にも溶けるため、肌への吸収性も優れています。専門業者で取り扱っています。

- **脱水ラノリン**——羊毛から取れるリッチで粘稠性の脂です。加水ラノリン（水を含んでおり、スキンケア化粧品には不向きです）よりも扱いやすいのが特徴です。専門業者で取り扱っています。

- **アボカドオイル**——ビタミン、ミネラル、レシチンが豊富に含まれています。刺激がなく高い保湿効果があります。専門業者で取り扱っています。

- **ココアバター**——カカオマメから取れるリッチな油脂で、肌を柔らかくするエモリエント剤として用いられます。専門業者で取り扱っています。

- **オリーブオイル石けん**——オリーブオイルを原料に作られた石けんです。きめは粗いのですが、刺激などがありません。健康食品店やハーブ専門店で扱っています。

- **ベンゾインチンキ**——芳香を持つ天然樹脂で、スキンケア化粧品の保存料として使います。ガムベンジャミン、安息香チンキなどとも呼ばれます。専門業者で取り扱っています。

- **乾燥ハーブ**——信用のおけるハーブ専門店や、専門業者の通信販売で大抵のハーブが手に入ります。

ハーブで作る化粧品

ヤロー

オイリー肌とトラブル肌へのトリートメント効果が一番高いのがヤロー。吸着・収れん作用を併せ持ち、パップやスチームに大変よく使われます。その他、アクネになりやすい、または毛穴が開きやすい肌に対するディープクレンジング効果が特に高いハーブ（コンフリー、タンポポ、キャットミント、セージ、タンジー、フィーバーフュー）と組み合わせても利用されます。ヤローの浸出液や葉の汁は顔のクモ状静脈を目立たなくする効果があります。

ヤローとネトルのクレンジング

穏やかな収れん作用のあるトリートメントローションで、血色の悪い肌、オイリー肌、トラブル肌に適しています。ソフトニング効果とクールダウン効果もあります。代わりにエルダーフラワーかタンジー、フィーバーフューを使えば、同様の作り方でドライ肌とノーマル肌に適したクレンジングができます。

バターミルク　235ml
ヤローとネトルの生若葉　55g

バターミルクにハーブを入れ、とろ火で20分間煮ます。火から下ろし、蓋をして2時間浸出させます。これを濾してから瓶に入れます。保存は冷蔵庫で。

クレンジング用フェイスパック

オイリーで吹き出ものが出やすい、または軽いアクネがある肌にとても効果のあるパックです。成熟肌にはフェンネルかレディスマントルで同様のトリートメントを。ドライ肌や敏感肌にはお勧めできません。また、行うのは1週間に1度にとどめて下さい。

フラー土　大さじ4杯
プレーンヨーグルト　小さじ2杯
ヤローの濃い浸出液　小さじ2杯
ハチミツ（透明で固まっていないもの）　小さじ1杯

材料を混ぜて滑らかなペースト状にし、目と口の回りのデリケートな部分を避けて顔に塗ります。20分間程、またはすっかり乾くまでそのままにしておきます。この間、表情を動かさないように我慢を。清潔な布とたっぷりのぬるま湯ですすぎ、最後にハーブの浸出液をつけましょう。

アロエベラ

　アロエベラの多肉質の葉から取れるジェルは90％が水分からできており、有用な成分やミネラル、ビタミンが皮膚層に浸透するのを可能にしています。日焼け止めにはならないものの、スキンローションとしてジェルをつければ、時間はかかりますが、小さな傷跡や加齢によるシミを取り、顔の小ジワを消してくれます。アロエベラは非アレルギー性で抗生作用もあるため、敏感肌に適しています。

日焼け後の保湿剤

　ビタミンを加え、日焼けによるダメージを受けた肌への栄養補給効果をさらに高めてあります。

ミツロウ　　大さじ1杯
スイートアーモンドオイル　　大さじ6杯
蒸留水かミネラルウォーター　　大さじ3杯
ホウ砂　　小さじ4分の1杯
アロエベラジュース　　大さじ2杯
ビタミンAとビタミンEのカプセル各1個

　細かくしたミツロウとオイルをボウルに入れ、湯煎で温めます。別のボウルに水を入れてホウ砂を溶かし、また別のボウルにアロエベラジュースを入れ、この3つのボウルを同時に温めます。ミツロウが溶けたらボウルを3つとも火から下ろします。ホウ砂の溶液をアロエベラジュースと混ぜ、ミツロウを溶かしたものにゆっくりと注ぎます。この時、粗熱が取れるまで絶えずかき混ぜて下さい。次にビタミンのカプセルに穴を開けて中身をクリームに混ぜ込み、すっかり冷めるまでさらにかき混ぜ続けます。殺菌した広口瓶に移して密閉し、冷蔵庫で保存します。

マッサージローション

　エルダーフラワーかユーカリ、ラベンダー、タイムのエッセンシャルオイルを数滴加えてトリートメント効果と香りを足してもよいでしょう。この軟膏は室温で溶けるため、冷蔵庫で保存する必要があります。

ココアバター　　大さじ4杯
ココナッツオイル　　大さじ4杯
オリーブオイル　　120ml
アロエベラジュース　　235ml
エッセンシャルオイル　　9滴（好みで）

　湯煎でココアバターとオイルを温め、これとは別にしてアロエベラジェルも湯煎します。ココアバターが溶けたら両方の鍋を火から下ろし、ココアバターとオイルが溶けたところにアロエベラジュースをゆっくりと注ぎます。絶えずかき混ぜ、熱が取れたところで必要に応じてエッセンシャルオイルを加えます。すっかり冷めるまでさらにかき混ぜ続け、殺菌した広口瓶に移して密閉します。

レモンバーベナ

　レモンバーベナの花、葉、茎はややレモン様のほのかなバニラ香を持っています。このおかげで、浴槽のお湯に入れたり、乾燥させてポプリに使うと高いリラックスとリフレッシュ効果があります。葉と花から作った浸出液には、髪に艶を与え、黒髪にハイライトを入れる作用もあります。レモンバーベナのエッセンシャルオイルは殺菌作用を備えているため、アクネ改善用のトリートメントにもよく使われます。クレンジングや保湿クリームにも加えられますが、敏感肌の場合は必ず慎重な利用を。

レモンバーベナのサンオイル

　シンプルな保湿オイルです。香りには昆虫忌避効果があるほか、香水の役目も。レモンバーベナの代わりにシトロネラかレモングラス、またはラベンダーのエッセンシャルオイルを使うこともできます。

　　セサミオイル（白）　120ml
　　アップルビネガー　大さじ5杯
　　ヨードチンキ　小さじ1杯
　　レモンバーベナのエッセンシャルオイル　6滴

　材料を瓶に入れて振り混ぜ、しっかり密封して保存します。使う前によく振って下さい。

フローラルな香りのアフターバスコロン

　使い心地も匂いも最高にスイートなコロンです。その深い香りは生花ならでは。

　　ローズゼラニウム、ジャスミン、バラなど摘みたての花びら　カップ1杯強
　　純アルコールまたはウォッカ　235ml
　　水　700ml
　　細かくしたオレンジとレモンの乾燥ピール　大さじ6杯
　　細かくしたクローブ　小さじ4分の1杯
　　つぶしたレモンバーベナ　大さじ2杯
　　細かくした乾燥ミント　大さじ2杯

　アルコールと花びらを瓶に入れ、しっかり密封して1週間そのままにしておきます。次に分量の水を熱して乾燥ピール、ハーブ、クローブの浸出液を作り、蓋をして24時間おきます。アルコールと浸出液を両方とも目の細かいストレーナーで濾し、混ぜ合わせます。堅く蓋の閉まる瓶に注いでよく振って下さい。

カモミール

　カモミールの花の浸出液には穏やかな収れん作用があり、トニック効果のあるクレンジングや、ドライ肌とノーマル肌に向くコンディショナーが作れます。マイルドでトリートメント効果も持ち合わせるカモミールはフェイスパックにも使えますし、肌質と年齢を問わず、トラブル肌をケアするスチームにも利用できます。カモミールの花をミルクで煮出し、濾したもので作る冷湿布には、湿疹や角質のめくれ、発疹、クモ状静脈を緩和し、シワを薄くする効果が期待できます。昔から金髪のコンディションを整えてさらに色を明るくするカラーリング剤としても利用されています。

カモミールのスキントニック
オイリー肌を整える優れたクレンジングです。

カモミールの花　生なら55g、乾燥花ならその半量
ローズマリーの生若葉　55g
熱湯　470ml
絞りたてのレモン汁　小さじ1杯

　浸出液を作って一晩おき、冷まします。これを濾してからレモン汁を加えて出来上がりです。冷蔵庫で保存します。

カモミールのライトニングペースト
ペーストを頻繁に利用する程トーンが明るくなります。

カモミールの濃い浸出液　235ml
カオリン粉末　大さじ8杯
卵黄　1個分

　材料を混ぜ、髪の根元からつけていきます。カバーしてしばらくそのままにしておきますが、時間は髪の傷み具合によって20分～1時間の間で調節して下さい。後はお湯ですすぎ、栄養補給効果のあるシャンプーとコンディショナーで仕上げを。

ハーブで作る化粧品

マリーゴールド（カレンデュラ、キンセンカ）

　マリーゴールドの花びらの浸出液は湿疹、アクネ、吹き出もの、傷跡、水疱、火傷のトリートメントに適しています。特に敏感肌によく、皮膚病の専門的な治療にも利用されています。ハーブオイルと浸出液は加齢肌を穏やかに整えてシワを減らす効果が期待できますし、温めた小麦胚芽オイルと一緒に花びらをつぶしたものは小さな吹き出ものや傷跡、クモ状静脈のトリートメント剤になります。浸出液はコンディショニング用ヘアリンスとしても使え、金髪に赤みがかったゴールドの色合いが出ます。

マリーゴールドとヨーグルトのペースト

　トリートメント効果のあるクレンジングスクラブです。シミがある肌や日光や風にさらされて加齢が進んだ肌に適しています。

- マリーゴールドの花びら　生なら大さじ1杯、乾燥花なら大さじ2分の1杯
- 小麦胚芽オイル　小さじ1杯
- ハチミツ（透明で固まっていないもの）　小さじ1杯
- プレーンヨーグルト　大さじ1杯
- 絞りたてのレモン汁　小さじ1杯

　オイルとハチミツと一緒に花びらをつぶします。そこにヨーグルトとレモン汁を加え、数分間なじませてから使います。

マリーゴールドのアストリンゼント

　オイリースキンに適した、穏やかなトリートメント効果と収れん作用のあるトニックです。

- マリーゴールドの浸出液　120ml
- ウィッチヘーゼルウォーター　大さじ1杯

　両方の液を瓶に入れて混ぜます。よく振って出来上がりです。冷蔵庫で保存して下さい。

マリーゴールドのクリーム

　成熟肌、シミのある肌、日焼けや風などによるダメージ肌に向く、軽い使い心地のクリームです。トリートメント効果と栄養補給効果があります。

- ミツロウ　大さじ2杯
- 脱水ラノリン　大さじ2杯
- スイートアーモンドオイル　大さじ6杯
- 小麦胚芽オイル　小さじ1杯
- マリーゴールドの浸出液　大さじ6杯
- ホウ砂　小さじ2分の1杯
- ベンゾインチンキ　2滴

　ミツロウとオイル類を湯煎で加熱し、これとは別にしてマリーゴールドの浸出液も湯煎します。浸出液にホウ砂を溶かし、両方のボウルを火から下ろします。浸出液をゆっくりとオイルに混ぜ入れ、ベンゾインも加えます。とろみが出て冷めるまでかき混ぜ続けます。殺菌した広口瓶に移して密封し、冷蔵庫で保存します。

マリーゴールドのジェル

　荒れた、または日焼けした手、がさついてひび割れた肌、さかむけにとてもよく効くジェルです。

- マリーゴールドの花びら　花6個分
- ワセリン　大瓶1個分

　湯煎でワセリンを溶かし、花びらを加えて数時間とろ火で熱します。後はこれを濾して瓶に詰めます。

フェンネル

　フェンネルの羽のような葉は成熟肌に優れた効果があり、スチームにするとトリートメント・再生作用があります。成熟肌の場合、肌をいたわりつつストレスを与えずに汚れを取り除くフェイスパックが必要ですが、フェンネルはこれにぴったりの性質を持ち合わせています。浸出液はマイルドなトナーになり、頻繁につければ小ジワを消すのに役立ちます。その穏やかさは折り紙つきで、アイローションとしても使えます。

フェンネルのアイローション

目をぱっちりと輝かせる効果のある浸出液です。

フェンネルシード　28g
精製水　470ml

　分量の水にシードを入れて20分間とろ火で煮ます。これを濾して冷まし、瓶に移します。リント布に含ませて目につけましょう。

フェンネルとオリーブオイルのフェイスケア

　汚れを取り除いて肌のきめを整える、肌質を問わずに使える優れたパックです。日焼け後の保湿ケアとしても優れた効果があります。

オリーブオイル　大さじ4杯
フェンネルの浸出液　大さじ2杯

　湯煎でオリーブオイルを温め、顔をおおえる位のコットンを浸します。
　目には保護用としてガーゼパッドを乗せ、オイルを含ませた湿布を顔全体に置きます。冷めるまでそのままにし、ティッシュで押さえるようにしてオイルをぬぐってからフェンネルの浸出液で温湿布をします。仕上げに冷水をかけるようにパッティングします。

オリスルート

　オリスルートのパウダーは昔からフェイスパウダーやタルカムパウダーの基材として、またバスソルトやシャンプー、歯磨き、ポプリの材料としても使われてきました。スミレに似た甘くかぐわしい香りがあります。オリスのオイルすなわちオットーは根に水蒸気をあてる蒸留法で抽出されます。スミレよりも香りが持続するため、香水の調合に広く使われています。

プーダー・ア・ラ・ムスリーン

　このパウダーや応用して作るパウダーはダスティングパウダーやタルカムパウダーにぴったりです。オリスルート以外のハーブやスパイスも使えます。特にお勧めなのはバニラパウダーとラベンダーの花です。エッセンシャルオイルを数滴加えることもできますが、混ぜる時にだまになってしまわないよう注意が必要です。

　粉末状のオリスルート　255g
　コーンスターチ　140g
　粉末状の米粉　55g
　粉末状のコリアンダー　170g
　粉末状のクローブ　55g
　シナモンまたはカッシア樹皮の粉末　28g
　サンダルウッドの粉末　28g

　材料全てをできるだけ細かい粉末状にして下さい。
　よく混ぜて、密閉できる大きな広口瓶に入れます。何度もよく振り混ぜて出来上がりです。

ハーブのバスソルト

　このソルトを一握り入れれば、酸性の皮脂汚れをさっぱりと落とし、どんな硬水も柔らかくします。

　重曹　140g
　オリスルート　85g
　エッセンシャルオイル　数滴（ローズゼラニウム、サンダルウッド、パイン、ラベンダーなど）

　材料を混ぜ、乳鉢に入れて香りがよくなじむまで乳棒でつきます。密閉できる広口瓶で保存して下さい。

ラベンダー

　伝統的なオードトワレの材料として一番よく知られているのはラベンダーでしょう。その他にも昔から殺菌効果も備える香料としてスキンケア化粧品に加えられていますし、感染性の病気や害虫を抑制する効用から、ホームクリーニング用品に欠かせないものでもあります。トリートメント効果もある甘くさわやかな香りの花と葉からは優れた浸出液やハーブウォーター、ハーブオイルができ、種類を問わずスキンケアやヘアケア用品に加えることができます。ラベンダーを使ったスチームやフェイスパックは、吹き出ものができた肌に効果があります。浸出液にはごく穏やかな収れん作用があり、クリームやローションに用いればトラブル肌を改善し、オイリーヘアをバランスよく整えてくれます。

　入浴時に使うと緊張をほぐして疲れた筋肉をリラックスさせ、アフターバスコロンにすれば元気が湧いてきます。クールダウン＆リフレッシュ効果もあるので、フットケアや日焼け後の緊急対策にも効果抜群です。エッセンシャルオイルをベースオイルで希釈したものでマッサージすれば、セルライトを減らし、アクネを改善します。また、これには湿疹や頭皮のかゆみを軽減する効果もあります。自分で浸出液を作る代わりに、市販のラベンダーウォーターを使うこともできます。

ラベンダーのフットバーム
足をいたわるエモリエントバームです。

脱水ラノリン　大さじ6杯
スイートアーモンドオイル　大さじ3杯
グリセリン　大さじ3杯
ラベンダーのエッセンシャルオイル　6滴

湯煎でラノリンを溶かし、オイルとグリセリンをかき混ぜながら入れます。粗熱が取れるまでかき混ぜ続け、次にラベンダーオイルを加えます。ラベンダーのオイルや花を加えたフットバスはとてもトリートメント効果が高く、オリーブオイルで作ったラベンダーのハーブオイルにも同様の効用があります。ローズゼラニウムやマリーゴールドも足の疲れをほぐして楽にしてくれます。

ラベンダーのボディローション
身体を楽にし、トリートメント効果もあるローション。マッサージに最適です。

スイートアーモンドオイル　大さじ4杯
ラベンダーの浸出液かローズウォーター　120ml
ホウ砂　小さじ1杯
ラベンダーのエッセンシャルオイル　8滴

スイートアーモンドオイルを湯煎で温めておき、これとは別にして浸出液（またはローズウォーター）にホウ砂を加えたものも湯煎します。両方のボウルを火から下ろし、浸出液をゆっくりとオイルに注ぎます。この時、熱が取れて分離しなくなるまでかき混ぜ続けて下さい。ここでエッセンシャルオイルを加え、すっかり冷めるまでさらに混ぜます。殺菌した瓶に入れ、密閉します。使う前によく振って下さい。
ラベンダーの代わりに、スミレ、ローズ、ローズゼラニウム、イランイラン、ネロリのエッセンシャルオイルを使うこともできます。

ラベンダーのクレンジングクリーム
シンプルで軽い使い心地のクレンジングクリームで、肌質を問わず使えます。様々な肌の状態に合わせ、ラベンダーに代えて別のフラワーウォーターやハーブの浸出液を用いてアレンジすることもできます。

さらしミツロウかミツロウ　15g
スイートアーモンドオイル　大さじ6杯
ラベンダーの浸出液かラベンダーウォーター　大さじ5杯
ホウ砂　小さじ4分の1杯
エッセンシャルオイル　4滴
ベンゾインチンキ　2滴

ミツロウとオイルを湯煎で加熱し、これとは別にしてラベンダーウォーターにホウ砂を加えたものも湯煎します。両方のボウルを火から下ろし、ワックスとオイルを溶かしたところに絶えずかき混ぜながらラベンダーウォーターを注ぎ入れます。熱が取れたらエッセンシャルオイルとベンゾインを加え、すっかり冷めるまでかき混ぜ続けます。殺菌した広口瓶に移して密閉して下さい。

ラベンダーのデオドラント
ヘルシーで香りがよく、効果も長持ちするデオドラントです。

ラベンダーのエッセンシャルオイル　3滴
砂糖　大さじ1杯
精製水　470ml

材料全部を瓶に入れて振り混ぜ、2週間程寝かせます。アトマイザーに移し替え、振ってから使います。

ミント

　スキンケア化粧品にスペアミントの浸出液を加えると、ほのかな香りを添えるとともにトリートメント効果を発揮します。浸出液や絞り汁は、即効性のトナーや、疲れた表情に活力を吹き込むケア剤として使えます。ミントをつぶして出た液には目のクマを薄く小さくする効果も期待できます。クマは遺伝的なものもありますが、大抵は疲労やストレスによるものです。

　ラベンダー、ミント、ローズマリーに細かくしたオートミール大さじ1杯を加えたバスバッグを蛇口の下に置いてお湯を張れば、シルクのように滑らかな肌当たりのお湯になり、リラックスできること受け合いです。

ミントとローズマリーのマウスウォッシュ

使い心地がよく殺菌効果のあるマウスウォッシュです。

ミントの生葉を刻んだもの　小さじ1杯
ローズマリー　生葉は小さじ1杯、乾燥葉なら小さじ2分の1杯
精製水　470ml
ミルラチンキ　小さじ2分の1杯

分量の水とハーブで浸出液を作ります。冷ましてから濾し、ミルラを加えます。保存は冷蔵庫で。

ミントとパセリの保湿ミルク

殺菌作用もある、軽い使い心地の保湿剤です。吹き出ものが出やすく、こってりしたクリームが合わないオイリー肌に向いています。

ミントの生葉を刻んだもの　大さじ3杯
パセリの生葉を刻んだもの　大さじ3杯
ミルク　235ml

ミルクを沸騰直前まで温め、殺菌して温めた広口瓶にハーブと一緒に入れます。しっかり蓋をして振り混ぜ、12時間そのままにしておきます。これを濾して瓶に移します。冷蔵庫で保存し、朝晩使って下さい。

ミントのスキンクリーム

ほとんどの肌質に合う栄養クリームです。セージはくすんで血色の悪い肌に適しているため、ミントの代わりにセージの浸出液を使うこともできます。

ミツロウ　小さじ1杯
ココナッツオイル　大さじ6杯
オリーブオイル　大さじ4杯
スイートアーモンドオイル　大さじ2杯
ミントの濃い浸出液　120ml
ホウ砂　小さじ1杯
ベンゾインチンキ　2滴

オイルにミツロウを入れ、湯煎で溶かします。浸出液にホウ砂を溶かし、別のボウルで温めます。両方のボウルを火から下ろし、ワックスとオイルを溶かしたところにゆっくり浸出液を注ぎ入れます。さらにかき混ぜ続け、熱が取れたところでベンゾインチンキを加えます。すっかり冷めるまで絶えずかき混ぜ、殺菌した広口瓶に移して密閉します。

ミントのアイローション

このローションをつけたら、精製オイル（アプリコットかスイートアーモンドオイル）にコットンを浸し、目に乗せて休息するのもお勧め。

摘みたてのミントの生葉　たっぷりひとつかみ

ミキサーに葉を入れ、形がなくなるまで細かくします。これをナイロンのストレーナーで濾すか、チーズクロスなどの綿袋に入れて絞ります。この汁をアイローションにすると疲れが取れます。残ったら冷蔵庫で保存しましょう。

ペパーミント

　ペパーミントにはメンソールが含まれています。このおかげでペパーミントはマウス用の製品はもちろん、トナーやボディマッサージ用ローションにも欠かせないものとなっています。アストリンゼントに使うと毛穴を目立たなくし、オイリー肌を引き締めてクレンジングします。またスチームやフェイスパックに加えれば汚れを吸引して肌を活性化させるので、血色の悪い肌や特に脂っぽい肌にもお勧め。混合肌の主な悩み、口と鼻周辺のくすんでオイリーな部分にも効果抜群です。

　ペパーミントから抽出したオイル（エッセンシャルオイルとは異なります）は様々なフェイスパックに加えることができます。ペパーミントを刻んだものやエッセンスを加えた温かいフットバスにつかると、とても足が楽になります。プロのアロマセラピストの指導がない限り、ペパーミントのエッセンシャルオイルを使ってはいけません。

ペパーミントのレモントナー

オイリー肌に向く、活性・殺菌効果のあるトニックです。

絞りたてのレモン汁　大さじ4杯
ペパーミントオイルまたはエッセンス　小さじ2分の1
ウィッチヘーゼルウォーター　120ml
ジンまたはウォッカ　大さじ2杯

材料を全て混ぜて24時間そのまま置いておきます。殺菌した瓶に入れ、振ってから使います。

ペパーミントのフェイスパック

血色が悪い、または吹き出ものがある肌のトリートメントに向く爽快なパックです。敏感肌にはお勧めできません。

ビール酵母　115g
ウィッチヘーゼルウォーター　大さじ1杯
ペパーミントエッセンス　4滴

材料を混ぜてペースト状にし、顔に塗って30分間そのままおきます。お湯で洗い落としてからハーブの浸出液かレモン汁少量をつけます。

注意：ビール酵母は吹き出ものの膿を出す作用があるため、特別な機会を間近に控えている時は使わないで下さい。

さっぱり気分爽快になるボディオイル

元気な1日の始まりをサポートしてくれる吸収のよいオイルです。気分に合わせて好きな匂いのエッセンシャルオイルを使い、香りを変えることもできます。

サンフラワーオイル　大さじ4杯
オリーブオイル　大さじ4杯
アーモンドオイル　大さじ2杯
ミネラルオイル　大さじ2杯
ペパーミントエッセンス　小さじ1杯

材料を瓶に入れ、よく振り混ぜます。

ペパーミントのマウスウォッシュ

毎日使えてリフレッシュ効果のある即効性マウスウォッシュです。息をさわやかにするだけではなく、収れん効果とトリートメント効果もあります。

蒸留水　235ml
ウィッチヘーゼルウォーター　大さじ6杯
ペパーミントエッセンス　小さじ1杯
薄くむいたレモンピール　ひとかけ

材料全部を瓶に入れ、堅く蓋をしてよく振ります。保存は冷蔵庫で。

バジル

　バジルは甘くかぐわしい香りのハーブで、殺菌・リラックス作用のある生葉は浴槽のお湯に入れたり、スチームやフェイスパックに加えたりすることができます。バジルにバラの花びらを加えて作った浸出液やハーブオイルをフェイスクリームやボディローションに使うと、何ともゴージャスな香りが漂います。バジルとペパーミントのコンビは、ビネガーにして浴槽に加えるかバスバッグにすれば、肌を引き締めてリフレッシュさせてくれます。

ハーブのアフターバスオイル

普段使いのベーシックなマッサージオイルです。アレンジがききますので、好みでバジルのエッセンシャルオイルを他の適切なオイルに代えることもできます。筋肉の痛みにはパインやラベンダー、ユーカリが向いています。リラックスにはローズやネロリを。タイムとサンダルウッドなら気分が爽快になって元気が出ます。

　スイートアーモンドオイル　大さじ4杯
　小麦胚芽オイルとセサミオイル（白）　各大さじ2杯
　サンフラワーオイルとオリーブオイル　各大さじ3杯
　アプリコットオイルまたはアボカドオイル　大さじ1杯
　バジルのエッセンシャルオイル　小さじ1杯

材料全部を瓶に入れて振り混ぜ、必要に応じて使います。

ローズとバジルのパヒューム

昔のスパイスパヒュームは浴槽のお湯に香りをつける、住まいによい匂いを漂わせるなどの目的に使われていました。これはその応用版です。

　ローズウォーター　470ml
　クローブをつぶしたもの　小さじ1杯
　乾燥バジル　大さじ1杯
　ベイリーフを細かく刻んだもの　1枚分
　白ワインビネガー　470ml

材料を全部片手鍋に入れて沸騰させます。とろ火でしばらく熱し、水分が減ったらその分だけ水を足します。頃合いを見て火から下ろし、蓋をして24時間そのままにしておきます。濾してから瓶に移しましょう。1ヶ月程寝かせてから使います。

バジルとローズウォーターのローション

何とも素敵な香りのボディ用トナーです。特にエクササイズ後や浜辺で1日過ごした後にぴったりです。

　サンフラワーオイル　大さじ4杯
　バジル浸出液　大さじ5杯
　ローズウォーター　大さじ5杯
　ホウ砂　小さじ1杯
　バジルのエッセンシャルオイル　6滴

オイルを湯煎で加熱し、これとは別にして浸出液とローズウォーターも湯煎します。両方が同じ温度になったらホウ砂を浸出液とローズウォーターの混合液に溶かします。両方のボウルを火から下ろし、ホウ砂を溶かした混合液を、オイルにゆっくりとかき混ぜながら注ぎ入れます。オイルと水分が混ざって分離しなくなるまでかき回し続けて下さい。ここでバジルのエッセンシャルオイルを加え、よく混ぜてから瓶に移します。よく振ってから使います。

バジルとレモンのフェイスパック

寒さや冷たい風のダメージを感じる肌を心地よくいたわり、トリートメントします。

　バジル生葉　ひとつかみ
　アボカド　2分の1
　レモン汁　小さじ1杯
　ハチミツ（透明で固まっていないもの）　小さじ1杯

バジルの葉をミキサーにかけて細かくし、アボカドの果肉をつぶします。材料全部を滑らかになるまで混ぜ合わせます。きれいに洗った顔にこれを塗り、できるだけ長くそのままにしておきます。後はぬるま湯ですいで下さい。

ローズゼラニウム

　ローズゼラニウムオイルの甘く愛らしいムスク香はニオイゼラニウムの葉に由来するものです。化粧品や香水の製造過程ではバラの代用品としてよく利用されます。その香りには元気を出す効果がありますし、ローズゼラニウムそのものにも成熟肌用のクリームやローションに欠かせないポイント、優れたトリートメント・アンチエイジング効果があります。ボディローションにはローズゼラニウムのエッセンシャルオイルを加えてみて下さい。虫を遠ざける作用があり、虫さされのかゆみを抑えるので特に夏はお勧めです。スパイシーな匂いの葉と花を摘んで使うこともできます。バスタブの温かいお湯に入れれば元気の出る香りが漂い、ポプリに加えれば長く芳香を楽しめます。ローズゼラニウムの代わりに、組織再生作用のあるローズのエッセンシャルオイルを利用してもよいでしょう。

スイートリーフのフェイスパック

　シワを減らす効用と優れたトリートメント効果がある美顔法です。ゼラニウムに代えてマドンナリリーの花びらを使っても同様の効果があります。

　ローズゼラニウムの葉　ひとつかみ
　温めたローズウォーター　470ml

　ローズウォーターにゼラニウムの葉を入れ、柔らかくなるまで置いておきます。この葉を一番気になっているところに乗せます。そのまま少なくとも20分間は横になっていましょう。最後にカップに残っているローズウォーターで肌を整えます。

ローズゼラニウムのスキントニック

　デリケートさと香りのよさでは折り紙つきのスキントニック。とりわけ老化肌に最適です。

　ローズゼラニウムの葉　たっぷりふたつかみ
　水　235ml

　分量の水にローズゼラニウムの葉を入れ、5分間とろ火で煮ます。蓋をして20分間そのままおきます。これを濾して瓶に移します。

　ライムブロッサムとエルダーフラワーを使えば、肌をいたわり、クレンジング効果もあるトニックに。ライラックの花とラベンダーからは殺菌作用と芳香を兼ね備えたトニックができますし、タチアオイの葉とハニーサックルの花ならソフトニングとトリートメント効果が期待できます。ラズベリーとブラックベリーの葉は発疹と吹き出ものを緩和します。

手肌をいたわるハンドクリーム

　しっとりした使用感のリッチな保護クリームです。

　脱水ラノリン　大さじ3杯
　スイートアーモンドオイル　大さじ2杯
　グリセリン　大さじ2杯
　ローズゼラニウムのエッセンシャルオイル　8滴

　ラノリンをボウルに入れて湯煎で溶かし、スイートアーモンドオイルとグリセリンをかき混ぜながら加えます。火から下ろして冷めるまでかき混ぜ続け、エッセンシャルオイルを加えます。

コンディショニングナイトクリーム

　とても優れたエモリエント・アンチエイジング効果があるクリームです。乾燥が著しい肌に栄養を与えます。

　ココアバター　大さじ2杯
　乳化ワックス　大さじ2杯
　ミツロウ　大さじ1杯
　アプリコットオイル　大さじ1杯
　イブニングプリムローズオイル　大さじ1杯
　セサミオイル（白）　大さじ2杯
　スイートアーモンドオイル　大さじ1杯
　ビタミンA、E、Dのカプセル　各1個
　ローズゼラニウムのエッセンシャルオイル　8滴

　ココアバターとワックス、ロウを一緒にして湯煎で溶かし、オイル類をかき混ぜながら入れます。火から下ろしてカプセルの中身を加えます。さらにかき混ぜ続け、熱が取れたところでエッセンシャルオイルを加えます。すっかり冷めるまで絶えずかき混ぜ、殺菌した広口瓶に移します。

パセリ

　パセリの生葉はビタミンCをたっぷり含み、天然のクレンジングでもあります。特にミントやネトル、タンポポ、コンフリーなど、強い成分のグリーンハーブと組み合わせてフェイスパックにすれば強力なトニック効果があり、血行を促進して汚れを排泄させ、くすんだ顔色やシミが散っているような肌を改善します。つぶした葉か絞り汁をつけるとクモ状静脈や青あざを薄くしますし、毛穴が目立つ肌の場合は、収れん作用のあるパセリ浸出液や浸出液で作ったクレンジングとコンディショナーが役立ちます。

グリーントリートメントパック

ほとんどの肌に合う、優れたトニック効果のあるパックです。

パセリとホウレンソウの生葉　各ひとつかみずつ
水　235ml
粉末状にしたオートミール

パセリとホウレンソウを刻み、分量の水で5分間煮てから、蓋をして冷まします。目の細かいナイロン製ストレーナーで濾し、葉に残った汁をよく押し出します。これをオートミールと混ぜ、滑らかなペースト状にします。

とてもオイリーなのに敏感肌の場合は、ここにプレーンヨーグルトを加えます。

パセリの絞り汁を卵の白身と混ぜると、優れた引き締め・リフト効果のあるパックになります。

パセリとミントのクレンジング

オイリー肌のニキビや吹き出もの、風焼けに効きます。

刻んだパセリ　多めのひと束分
乾燥ミント　大さじ1杯

両方のハーブを合わせて熱湯1カップ（240ml）分で1時間浸出させ、濾します。3日以内に使い切って下さい。

パセリのソバカス用ローション

以前ソバカスはシミだと考えられていましたが、今は違います。これはマイルドなローションで、ソバカスを多少なりとも薄くし、日焼けの名残の黄ばんだ肌色を元に戻します。

パセリ　4本
エルダーフラワー　ひとつかみ
ミルクと水　各120ml

パセリを刻み、エルダーフラワーを洗います。材料全部を片手鍋に入れ、ごく弱いとろ火で5分間煮ます。火から下ろして蓋をし、3時間そのままにしておきます。これを濾して瓶に移し、冷蔵庫で保存します。コットンに含ませてソバカスに押し当てて下さい。

パセリの青あざ用トリートメント

細かい静脈が見える場合に適したトリートメントで、継続して使えば薄くなる効果が期待できます。はっきり浮き出ているクモ状静脈は専門家による治療が必要です。

パセリの生葉　ひとつかみ
水　235ml
ローズとマリーゴールドのエッセンシャルオイル　各1滴

パセリを刻み、分量の水で5分間煮てから蓋をし、粗熱が取れるまで浸出させます。これを濾してエッセンシャルオイルを加えます。そのまま冷ましてからコットンでつけます。

バラ

　ローズウォーターは最も古い化粧品です。古代ギリシャやローマ、エジプト、アジアで使われ、数え切れない程の化粧用ローションやクリームのベースになっています。当初は殺菌とトリートメント効果を目的に利用されていたのですが、やがて肌を柔らかくし、シワを減らし、広くアンチエイジング作用もあることがわかったのです。甘く華やかな匂いは鎮静とリラックス効果ももたらします。ローズウォーターは優れたトナーですし、ローズビネガーは敏感肌にもことのほか穏やかなので、日焼け後の手当てにも向いています。ローズウォーターとグリセリンを混ぜるとドライ肌に効果的なバームになります。ただし日光を遮る効能はありません。浴槽にバラの花びらを入れればそれは豪華なお風呂になりますし、トリートメントに使える花の中でも一番香りの強いその花弁はローズウォーターや浸出液、オイル、ビネガーを作るのに利用されます。ローズのエッセンシャルオイルは作る際に大量の花びらが必要なため、大変に高価です。とはいえ保湿剤からマッサージオイルまで、その種類を問わず化粧品に数滴加えれば、肌を優しく包み込むとともに心を安らがせてくれることでしょう。

ローズのリップバーム

毎日の保護クリームとして使えるバームです。

　　細かくしたミツロウ　小さじ2杯
　　スイートアーモンドオイル　小さじ4杯
　　ローズウォーター　小さじ1杯

　湯煎でミツロウを溶かし、かき混ぜながらオイルを加えます。これとは別にしてローズウォーターを湯煎します。両方のボウルを火から下ろし、オイルにローズウォーターをかき混ぜながら入れます。温かいうちに瓶に移して下さい。

ローズとアプリコットのクリーム

筋肉を引き締める甘い香りのマッサージクリームです。二の腕など、たるみやすい部分に最適です。

　　脱水ラノリン　大さじ1杯
　　ココアバター　大さじ1杯
　　アプリコットオイル　大さじ2杯
　　ローズウォーター　大さじ1杯
　　ホウ砂　小さじ2分の1杯
　　ローズのエッセンシャルオイル　4滴

　ラノリンとココアバターを一緒にして湯煎で溶かし、アプリコットオイルを混ぜ入れます。これとば別にして、ローズウォーターにホウ砂を加えたものも湯煎します。かき混ぜながらローズウォーターをゆっくりとオイルのボウルに入れ、全体の熱が取れるまで混ぜ続けます。ここでローズオイルを加え、すっかり冷めるまでさらに混ぜ合わせます。殺菌した広口瓶に移して密封して下さい。

ローズの保湿剤

　コールドクリームは、元々あるギリシャの医師がローマ人顧客のために考案したもの。これはその応用版です。

　　細かくしたミツロウ　大さじ2分の1杯
　　乳化ワックス　大さじ1杯
　　スイートアーモンドオイル　大さじ6杯
　　ローズウォーター　大さじ3杯
　　ホウ砂　小さじ4分の1杯
　　ローズのエッセンシャルオイル　4滴

　ミツロウとワックス、オイルを一緒にして湯煎で溶かし、これとは別にしてローズウォーターにホウ砂を加えたものも湯煎します。両方のボウルを火から下ろし、ワックスとオイルを溶かしたところにかき混ぜながらローズウォーターを入れます。熱が取れるまで混ぜ続けます。ここでエッセンシャルオイルを加え、すっかり冷めるまでさらに混ぜ合わせます。殺菌した広口瓶に移して密封して下さい。

ローズのプチフェイスパック

　ちょっとたるみが気になるところにパッティングして下さい。乾くまで待ってから洗い流します。

　　ローズウォーター　大さじ8杯
　　ハチミツ（透明で固まっていないもの）　大さじ2杯
　　ウィッチヘーゼルウォーター　大さじ3杯
　　グリセリン　小さじ2分の1杯

　材料全部を瓶に入れます。よく振って冷蔵庫で保存します。

ローズマリー

　ハンガリーウォーターといえば、肌の美白やクレンジングに使われる有名な化粧水。ローズマリーはその中心的な材料です。ローズマリーのハーブオイルは手間をかけてもぜひ作りたいもの。ローズマリーそのままの香りがしますし、マッサージオイルやボディラブを作る際、植物性オイルに代えて使うのにもぴったりだからです。浸出液は石けんやアフターシェーブローション、オードトワレにも使われます。先端部の葉と花を浴槽のお湯に入れればリラックスとリフレッシュを促します。乾燥した髪や黒髪にはローズマリーの浸出液を仕上げのリンスに使うと効果があります。細く元気がなくなってきた髪にコシを与えてコンディションを整え、抜け毛を減らしてふけを防ぎ、灰色がかってきた髪の色を濃くしてくれます。ベースオイルに加えてマッサージしながら頭皮にすり込めば、炎症やふけを軽減する効果もあります。

フローラルスキントニック

　肌に直接つけたり浴槽のお湯に足したりできる甘い香りの心地よいトナーです。

　　白ワインまたはアップルビネガー　120ml
　　クローブ（ホール）　小さじ2分の1杯
　　ローズマリーの若枝を刻んだもの　大さじ1杯
　　ラベンダーの若枝を刻んだもの　大さじ1杯
　　香りのよいバラの花びら　大さじ1杯
　　オレンジフラワーウォーター　940ml

　オレンジフラワーウォーター以外の材料全部をガラスの広口瓶に入れます。堅く蓋をしてよく振り、毎日振り混ぜながら2週間寝かせます。これを濾し、新たに分量のハーブと花を入れて同様のプロセスを繰り返します。再び濾して量をはかり、半カップ（120ml）につきオレンジフラワーウォーター4カップ（960ml）の割合で加えます。瓶に移してしっかり密封して下さい。

ローズマリーのハーブローション

　冬の風で荒れた肌をいたわり、トリートメントするクレンジングです。

　　白ワイン　120ml
　　ローズマリーの葉　大さじ2杯
　　レモンバーム　大さじ1杯

　材料全部を10分間とろ火で煮ます。火から下ろして蓋をし、冷めるまで置いておきます。これを濾してコットンに含ませ、朝晩肌をクレンジングします。

ローズマリーのバスオイル

　肌の鎮静効果があるバスオイルで、肌を柔らかくし、アレルギーや日焼けによるかゆみを緩和します。

　　ターキーレッドオイル　大さじ4杯
　　ローズマリーオイル大さじ1杯、またはローズマリーの
　　　エッセンシャルオイル4滴

　材料を瓶に入れて振り混ぜます。浴槽のお湯に大さじ1杯分を入れて下さい。ローズマリーに代えて、ラベンダー、バジル、タイムなどトリートメント効果を持つ香りのよいハーブオイルを使うこともできます。

ローズマリーとアーモンドのフェイシャルスクラブ

　肌を選ばず使える、マイルドに古い角質を取り除くスクラブです。

　　細かくしたローズマリー　大さじ1杯
　　細かくしたアーモンド　大さじ1杯
　　粉末状にしたオートミール　大さじ1杯
　　ローズウォーター　大さじ2〜3杯

　細かくした材料をローズウォーターと混ぜて滑らかなペースト状にします。きれいに洗った肌に、これを指先で小さな円を描くようにしてつけます。乾くまでそのままにし、ぬるま湯で洗い流します。ローズマリーウォーターかローズウォーターをたっぷりつけて肌を整えましょう。

エルダー

　民間伝承やヒーリングの物語に深く根を下ろしているのがエルダーです。エルダーフラワーから作られた浸出液は肌に優しくマイルド、それなのに穏やかな美白効果があり、フェイスからボディまであらゆるスキンケア化粧品に使うことができます。また作用が穏やかでトリートメント効果もあるため、特にドライ肌や敏感肌のトラブルをケアする際によく利用されます。ソバカスを薄くする効果も期待できます。

　エルダーフラワーのリンスを使うと、灰色を帯びてきた髪や金髪を明るい色にし、コンディションを整えます。

エルダーフラワーのフェイスフレッシュナー

穏やかでソフトニング効果と殺菌効果があり、肌をリフレッシュさせます。バランスの取れたノーマル肌、軽く日焼けした肌に向いています。

- エルダーフラワーの浸出液　大さじ4杯
- グリセリン　大さじ4杯
- オレンジのフラワーウォーターまたはローズウォーター　大さじ1杯
- レモン100％のジュース　大さじ2分の1杯

材料全部を瓶に入れて、よく振り混ぜます。密封して冷蔵庫で保存します。

エルダーフラワーのローション

風焼けは日焼けと同様に痛いもの。風焼けと日焼け、どちらにも使える全身用ローションです。

- エルダーフラワーの浸出液　大さじ5杯
- グリセリン　大さじ5杯
- ウィッチヘーゼルウォーター　大さじ3杯
- スイートアーモンドオイル　大さじ1杯
- オーデコロン　大さじ1杯
- ホウ砂　小さじ2分の1

材料全部を瓶に入れて振り混ぜます。しっかり密封して振ってから使います。保存は冷蔵庫で。
エルダーフラワーの代わりにマリーゴールドかカモミールの浸出液も使えます。

使い心地抜群のエルダーのコンディショナー

ドライ肌とノーマル肌に向く伸びのよいナイトクリームです。エルダーフラワーの代わりにバラ、カモミール、ラベンダーなどの浸出液を使って、様々な肌質に合うクリームを作ることもできます。

- 乳化ワックス　大さじ4杯
- 細かくしたミツロウ　大さじ2杯
- 脱水ラノリン　大さじ3杯
- サンフラワーオイル、スイートアーモンドオイル、セサミオイル（白）　各大さじ4杯
- アボカドオイル　大さじ2杯
- エルダーフラワーの浸出液　大さじ5杯
- ホウ砂　小さじ2分の1杯

ワックスとミツロウを湯煎で溶かし、ラノリンとオイルを加えます。これとは別にしてエルダーフラワーの浸出液にホウ砂を加えたものも湯煎します。両方のボウルを火から下ろし、ワックスとオイルを溶かしたところに、絶えずかき混ぜながら浸出液をゆっくりと注ぎ入れます。すっかり冷めるまでかき混ぜ続け、殺菌した広口瓶に移して密封します。

エルダーフラワーのヘアリンス

ほのかな香りの髪に穏やかなリンスです。コンディショニング効果があり、金髪にはソフトなハイライトが入ります。

- 乾燥エルダーフラワー　たっぷりひとつかみ
- 蒸留水　235ml

花を分量の水に入れ、とろ火で30分間煮ます。蓋をして冷めるまでそのままおき、濾してから仕上げのリンスとして使います。

コンフリー

　コンフリーはトリートメント効果と殺菌効果のあるハーブで、肌トラブル（特にアクネ、吹き出もの、湿疹、発疹、乾燥肌、角質が細かくめくれているなど）の手当てに用いるスキンケア化粧品なら種類を問わず配合できます。コンフリーの浸出液を使ったトナーやクレンジングは敏感肌にも使える程穏やかなのに、オイリーなトラブル肌にも働きかけるパワフルさも持ち合わせています。コンフリーの浸出液や煎出液を頭皮にすり込むか、仕上げのリンスとして使うと、頭皮のトラブルも緩和してくれます。

コンフリーのフェイスパック

肌の汚れの引き出し、クレンジング、回復促進という3つの効果があるパックです。特別なデートの直前には行わないほうが無難でしょう。

- ハチミツ（透明で固まっていないもの）とビール酵母　各小さじ1杯
- プレーンヨーグルト　小さじ1杯
- コンフリーとマリーゴールドの浸出液　各小さじ1杯
- オリーブオイル　小さじ1杯

ハチミツに熱湯を数滴加えてゆるめ、ビール酵母を混ぜ入れます。さらにヨーグルトとハーブの浸出液を加え、濃いペースト状になるまでよくかき混ぜます。顔全体にオイルを薄く塗り広げ、その上にパックを塗ります。乾くまでそのまま15分間程待ちます。ぬるま湯で洗い流してから押さえるようにして水分を取り、ハーブのマイルドなトナーをつけましょう。

コンフリーとガーリックのパップ

しつこいニキビにとてもよく効くトリートメントです。ただしにおいに難があるため、完全なプライバシー確保の必要性が。

- コンフリー生葉　ひとつかみ
- ガーリック　ひとかけ
- ハチミツ（透明で固まっていないもの）

ペーストがたっぷりできる位のハチミツ（温めたもの）を混ぜて葉をつぶします。ガーリック1かけをよくつぶし、ペーストと混ぜ合わせます。お湯に浸して温めた柔らかい湿布用基布を使ってパックします。一晩そのままにしておきます。

コンフリーのクレンジングクリーム

マイルドで肌をいたわるクレンジングクリームです。コンフリーの代わりに、エルダーフラワー、カモミール、チャービル、レディスマントル、このいずれを使うこともできます。

- スイートアーモンドかサンフラワー、オリーブオイルのいずれか　60ml
- ミツロウ　15g
- ココアバター　大さじ2杯
- コンフリーの濃い浸出液60ml
- ホウ砂　小さじ1杯
- ハチミツ（透明で固まっていないもの）　小さじ2杯
- ベンゾインチンキ　2滴

オイルとミツロウ、ココアバターを一緒にして湯煎で溶かします。これとは別にして浸出液も湯煎し、ホウ砂とハチミツを加えて溶けるまでよくかき混ぜます。両方のボウルを火から下ろし、浸出液をオイルに混ぜ入れてベンゾインを加えます。全体にとろみが出て冷めるまでかき混ぜ続けて下さい。殺菌した容器に移して密閉します。

コンフリーのトナー

成熟肌や、急に吹き出ものができた場合によく効く穏やかなトーニングローションです。ローズゼラニウムのエッセンシャルオイルを加えれば小ジワが薄くなります。

- コンフリーとレディスマントルの葉から作った浸出液　大さじ6杯
- グリセリン　大さじ4杯
- ローズゼラニウムのエッセンシャルオイル　4滴（好みで）

材料全部を瓶に入れて合わせ、密封してよく振り混ぜます。冷蔵庫で保存して下さい。

タイム

　ポピュラーなハーブの中でも効き目の確かさでは指折りで、収れんやクレンジング用の浸出液、殺菌効果のあるヘアコンディショナーを作る際に配合できます。タイムを使ったフェイスパックとスチームは、毛穴が詰まりがちな特にオイリーな肌のクレンジングに最適です。タイムには強力な芳香があるので、とても香り高いハーブオイルができます。これはボディラブやマッサージオイルに使うと優れた効果があり、快い匂いを楽しめるのはもちろん、様々な痛みをやわらげ、肌質を改善し、デオドラント効果を発揮します。タイムのエッセンシャルオイルはハーブそのものの強い香りがします。殺菌作用があり、皮膚病の専門的な治療にも利用されています。

タイムとイチジクのパック

ほてった肌に使う、クールダウン・保湿効果のあるパックです。しもやけも楽になります。

熟した生イチジク　4個
ハチミツ（透明で固まっていないもの）　大さじ1杯
乾燥タイム　小さじ1杯

イチジクを粗く刻み、ハチミツとひたひたになる位の水と一緒に鍋に入れ、蓋をしてとろ火で煮ます。柔らかくなったところで、崩したタイムとともにイチジクとハチミツをつぶします。全体が滑らかなペースト状になったら、清潔にした肌に塗って20分間待ちます。

スパイシーなボディトナー

フレッシュで爽快な刺激のあるボディローションです。元気な1日の始まりに。

タイム、ローズマリー、ミントの生葉を刻んだもの　各大さじ1杯
生のオレンジピールとレモンピールをすりおろしたもの　各ひとつまみ
ナツメグを細かくしたもの　ひとつまみ
オレンジのフラワーウォーターまたはローズウォーター　大さじ5杯
アルコール　大さじ2杯

ガラスの瓶に材料全部入れ、よく振り混ぜてから、最低1週間温かい窓際に置いて寝かせます。これを濾して保存用の瓶に移します。

タイムのソープボール

好きなハーブや香水で自由に応用できるレシピです。ごくマイルドなスクラブ効果は細かくしたローズマリーによるもの。

細かくしたオリーブオイル石けん　225g
タイムの浸出液　235ml
細かくしたローズマリー　28g
ハチミツ（透明で固まっていないもの）　大さじ8杯
タイムまたはローズマリーのエッセンシャルオイル　数滴

タイムの浸出液を加熱し、沸騰したらとろ火にして石けんのフレークを入れ、よく混ぜてからローズマリーを入れます。ハチミツを少し温め、よくかき混ぜながら石けんと浸出液の混合物に入れます。ここでエッセンシャルオイルを加え、型に入れて固まるまで寝かせます。手頃な代用品として、ワックスペーパーを敷いた卵パックを型代わりに使うこともできます。ただし、石けんが乾燥するまでにはかなりの時間が必要です。

タイム&レモンのローション

1日2回これで顔をクレンジングするとアクネ肌に優れた効果のあるトナーです。

タイムの小枝　2本分
水　470ml
レモンの汁　半個分

タイムを分量の水で2分間煮ます。蓋をして5分間おき、成分を浸出させます。これを濾してレモン汁を加えます。

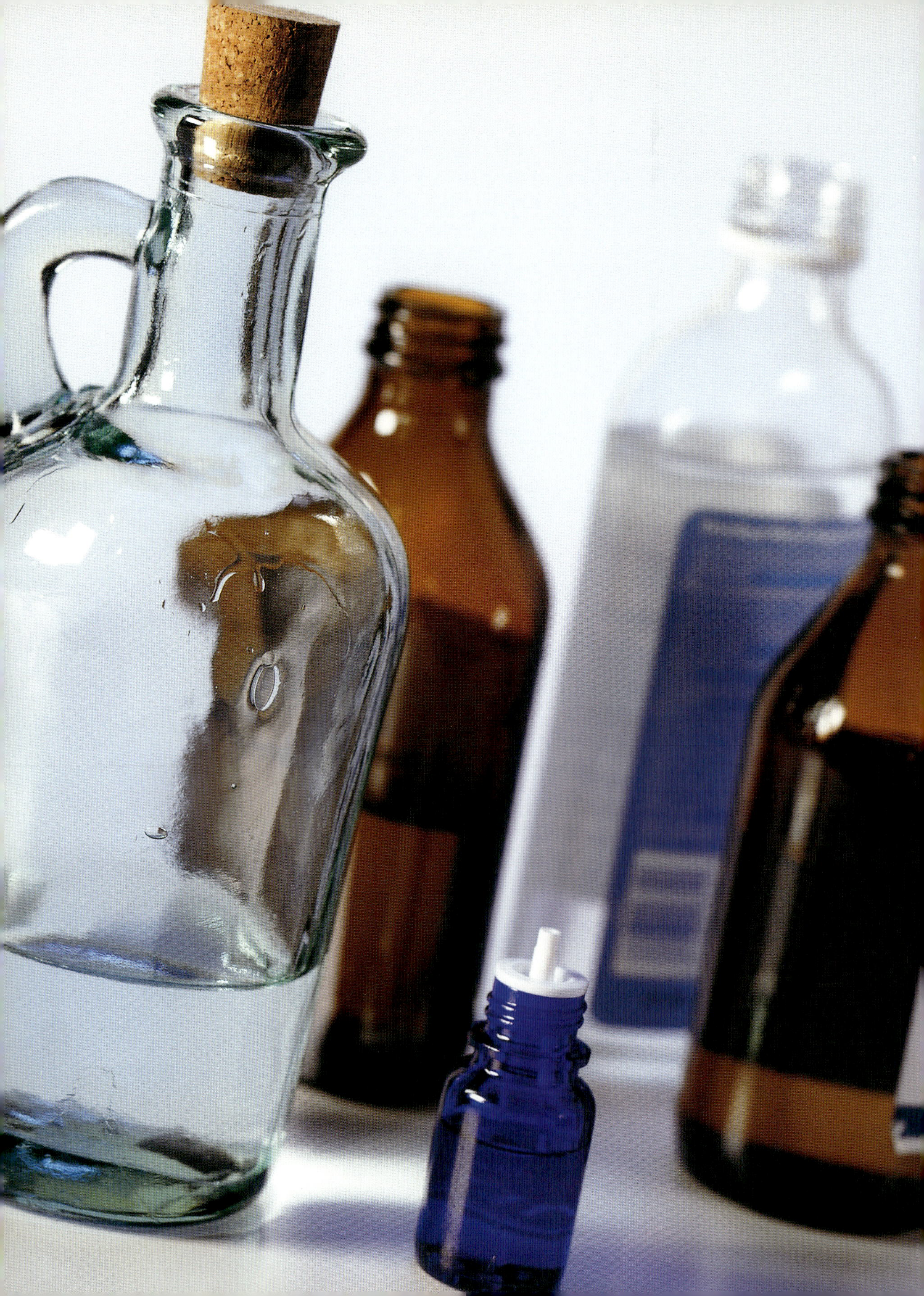

薬用ハーブ

　ここでは、現在臨床的に広く用いられている主な薬用植物から、用途の広さと健康食品専門店や薬局で手に入りやすいことを規準に、16種類のハーブに的を絞って紹介します。

　特に本章を設けたのは、伝統医学の歴史において各ハーブがどんな位置を占めていたかについて簡単に記し、その生物学的作用と、通常の医薬品との間に起こり得る相互作用に関する最新の科学的・医学的情報にも触れるためです。植物には薬品に似た成分が数多く含まれており、扱いには注意が必要なこと、慎重に服用すべきことは絶対に忘れないで下さい。興味を深められた方には根拠に則って安全に使うための参考となり、また広く何かの折りに参照できる情報源となれば幸いです。

ガーリック
Allium sativum

頼れる万能選手　ユリ科に属するスペシャルメンバー、ガーリック。はるか昔から栽培されてきたのは薬効のみならず、うまみを感じさせ、身体を強壮にする他に類を見ない作用があるためです。ガーリックについて研究が進めば進む程、様々な形で役立つことがわかってきました。

ガーリックの歴史を振り返ると、時代や地域を問わず万能薬としてとらえられていることがわかります。ギリシャの医師だったディオスコリデスは、ヘビによる咬傷、狂犬病の犬による咬傷、目の充血、頭部脱毛、湿疹、ヘルペス、ハンセン病、壊血病、歯痛、浮腫にガーリックを勧めています。英国の植物学者カルペパーも「尿を出し、通経効果があり、狂犬やその他毒液を分泌する生物の咬傷によく、子供の寄生虫を下し、頑固な痰を切って排泄させ、頭をすっきりさせ、倦怠感を改善し、あらゆる疫病の優れた予防剤および治療薬になる・・・」と、同様の用途を大げさなまでに並べています。

最新の研究を参照すると、より明確な用途が浮かび上がります。

■ 高コレステロール値を下げる

アリシン（ガーリックの強力な有効成分の1つ）4000mcg相当を含むガーリックの錠剤を服用すると、総コレステロール値が10〜12%下がります。劇的な下降効果はありませんが、心臓病予防により効果的ともいえる効用があります。HDLとして知られる善玉コレステロール値を10%上げてくれるのです。

■ 血圧を下げる

ガーリックがどのように作用して血圧を下げるのかはまだ謎です。作用機序の1つにイオウを含む化学物質が関わると考えられ、前記のように血液中の脂肪を減らす働きも関連すると思われますが、正確なメカニズムは判明していません。いずれにせよ、最高血圧が30mmHg、最低血圧が約20%低下することが多いようです。

■ 血液をさらさらにする

もちろん高血圧は現代社会の重大な死亡因子の1つですが、ドロドロの血液も同様です。粘度の高い血液が全身を巡っていれば、どこか重要な器官で詰まってトラブルを起こすこともあり得ます。ひとたび血栓ができればそこから先の組織は酸素が届かなくなって死んでしまいます。かかりつけの医師からは低用量アスピリンを勧められるかもしれませんが、ナチュロパス（自然療法家）に相談すれば、予防措置として食生活中のガーリック摂取量を増やし、毎日ガーリック錠を服用するよう強く促されるでしょう。アスピリンが通常の抗凝血薬療法なら、ガーリックは自然な食事による対処法なのです。

緊急の際は現代的な血栓溶解剤が役立ちますが、長期に渡る血栓の管理についてはガーリックの方が効果的と思われます。ガーリックや、オメガ3フィッシュオイル、ブロメライン（パイナップルから得られる蛋白質分解酵素）、ハーブのトウガラシ（*capsicum*）などの自然成分はフィブリン溶解（フィブリン血餅が溶ける現象）を促進するため、心臓発作を予防する効果が期待できます。

■ 免疫系を強化する

ヒポクラテスはガンの治療にガーリックを食すると記しています。ガンの状態をコントロールするのに免疫系が極めて重要な事実を考えると、これも的はずれとはいえません。人体を対象にした研究によれば、ガーリックには免疫系が感染症を撃退しガンを抑制する能力を高める著効があることが明らかになっています。ガーリックの成分であるアリシンには非常に強力な抗ガン作用があるようです。

■ 抗菌作用

　ガーリックの汁は様々な細菌を殺す作用があることがわかっています。やっかいなブドウ球菌や連鎖球菌、ブルセラ菌属すらも例外ではありません。さらに最近の研究では、強力な抗生効果のみならず、通常の抗生物質とは異なり、細菌に耐性がほとんどできないことも確認されています。

■ 抗真菌作用

　とにかく強力な抗真菌薬と違って、ガーリックはどんな真菌感染症でも効果がありますし、使っても安全です。非常に一般的な困った真菌の1つに、カンジダ・アルビカンスという病原酵母があります。ガーリックは通常の治療法（ナイスタチン）よりも効果が高いことが証明されていますし、免疫反応を高めるため再感染のリスクも軽減します。

■ 抗ウィルス作用

　効果的な抗ウィルス薬がほとんどない現在、インフルエンザで寝込んだ時にガーリックが少々手元にあればまだしも幸運というもの。アリシンという有効成分には強い殺ウィルス作用があります。研究では、単純性疱疹ウィルス（1、2型）、パラインフルエンザウィルス、水疱性口内炎ウィルス、風邪の原因であるライノウィルス属を死滅させています。

■ 駆虫（寄生虫）作用

　先人が「・・・子供の寄生虫を下し・・・」と記したように、回虫や鉤虫を下す効果があったケースが数多く認められています。

■ ガーリックの摂取法

　錠剤やカプセル、チンキなどの形で取ることができます。ガーリック剤を選ぶ際は息に臭いがつくかどうかも条件になるでしょう。臭いが気になる場合はアリシンを高濃度（約3.4%）に含むよう標準化された効能の高い製剤を利用します。またはチンキか様々なガーリックカプセル商品を利用してもよいでしょう。

■ 毒性

　副作用はほとんどありません。ガーリックのサプリメントを大量に服用すれば胃の不快感や下痢などの症状が起こることがありますが、量を減らせば解決します。

■ 薬物との相互作用

　ガーリックを大量に服用すると、クマジンなどの抗凝血薬の作用が強く出る恐れがあります。ガーリックとクマジンを組み合わせて取っている患者の場合、血液凝固時間が2倍になったという報告もあります。

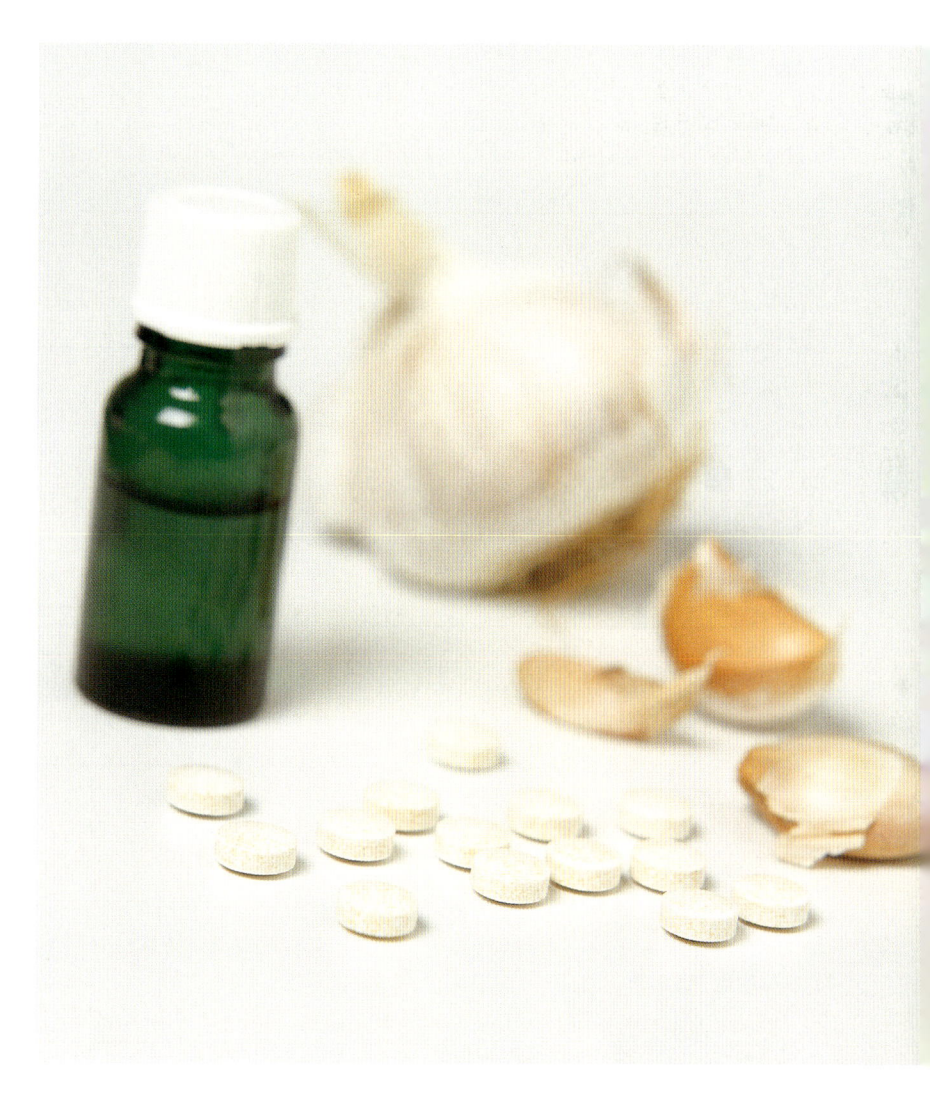

薬用ハーブ

アロエベラ
Aloe barbadenis

自然がくれたオールラウンドな癒し手 アロエベラには消炎作用があり、よくある皮膚のトラブルのほとんどに役立ちます。また、アロエベラのエキスは免疫系を強力に刺激します。感染症を撃退する仕組みの中枢に働きかけるわけです。

■ 皮膚のトラブルを緩和する

アロエベラの葉から得られるゲルには治癒過程を促進する作用があると思われます。最近の研究では、アロエベラのエキス中に特有の脂肪酸やホルモン様物質(プロスタグランジン)が発見されています。現在はこれらの有効成分と、天然のビタミンCとE、亜鉛があいまって創傷治癒作用に結びつくと考えられています。

放射線治療による火傷や治りの遅い下腿潰瘍から、湿疹や部分的なかさつきなどシンプルなケースに至るまで、アロエベラは様々な皮膚のトラブルに用いられて効果を上げています。ただしアロエベラのゲルは深く垂直に切れ込んだ傷の治癒を遅らせることもわかっています。腹部の手術による傷もその例で、これは既知の症例中アロエのゲルが使えない唯一のケースです。

■ 消化器のバランスを取る

アロエベラをジュースの形で内服すると胃腸の調子がよくない場合や胃潰瘍に著効があります。胃酸濃度を調整する効果があるので、ほんの1週間、ジュースを半カップ飲むようにすれば消化がよくなります。また細菌や酵母菌の異常増殖がよく関連する鼓腸も緩和されます。

■ 抗糖尿病作用

アロエベラには血糖値を下げる効果があります。この効能は、糖尿病患者によくある下腿潰瘍の治癒過程の調査中に発見されたもので、アロエベラを服用すると血糖値が降下することがわかったのです。アロエベラ製品を利用していると投薬量が少なくてすむという糖尿病患者の報告がありますが、この作用のおかげだと思われます。ただし糖尿病において医薬品とハーブ間に起こり得る相互作用については十分な注意が必要です。

■ 感染症を撃退する

感染症と戦う能力の中枢が免疫系です。免疫系は分化した白血球からなります。この白血球軍団の中でも重要な役割を果たすのがマクロファージと呼ばれる細胞です。アロエベラのエキスはマクロファージ細胞を活性化し、これによって免疫系全体を強力に刺激することがわかっています。アロエベラには身体に侵入する様々な細菌やウィルスを直にたたく効能もあります。つまり直接的な効果と、身体に備わった免疫系という感染症撃退装置を強化する能力を兼ね備えているわけです。

■ アロエベラの摂取法

昔は傷や局部的な皮膚感染症、皮膚炎、火傷にアロエベラのゲルをそのままつけたりしていました。

内服する場合は市販品のジュースを利用するのがベストです。これなら雑菌や、希釈率を間違える心配もありません。必ず商品の説明書きに従うか、経験豊富な保健専門家に相談して使いましょう。

■ 毒性

皮膚が特別敏感な場合、アロエベラのゲルをつけると発疹が見られることもあります。皮膚の広範囲に渡ってゲルを塗る際は、必ず前もって目立たない部分でパッチテストをしておきましょう。

■ 薬物との相互作用

1日2回ゲルかジュースを15ml(大さじ1杯)摂取すると、グリベンクラミドなどの抗糖尿病薬による血糖降下作用を増強させる可能性があります。

アンジェリカ
Angelica sinensis

抜群のホルモン調整効果　アンジェリカは時に女性の薬用ニンジンと称されます。ここから中国伝統医学にルーツがあることが読み取れます。事実、中国の伝統的な処方薬には、アンジェリカの根（当帰）が薬用ニンジンと同じ位よく含められています。

アンジェリカは中国から米国、ヨーロッパと世界中で様々な種類が栽培されています。ただ、薬用種として主に利用されるのは唐当帰（*Angelica sinensis*）と当帰（*angelica actiloba*）です。この2種の作用と効力はとても似通っているようで、その薬効はクマリンという化学物質の含有量に左右されると考えられます。

■ホルモンバランスの乱れを整える

女性のホルモントラブルを効果的に改善する効能の秘密は、アンジェリカが高濃度に含むファイトエストロゲンにあります。これは植物性のホルモン様物質で、活性は元々体内に分泌されるホルモンであるエストロゲンの400分の1しかありませんが、本来ならエストロゲンに反応する組織を強力に調節します。エストロゲン濃度が高い、または低いために起こる症状の両方にアンジェリカが効くのはこのためです。

更年期障害は体内を循環するエストロゲンが少なくなるのが主原因です。これについても、アンジェリカは生殖器官など様々な組織にあるエストロゲン受容体を刺激する役目を果たしてくれます。逆にエストロゲン濃度が高すぎてバランスが崩れている場合も、ファイトエストロゲンがエストロゲンをブロックし、組織に作用するのを防ぐ効果を発揮すると考えられています。

研究によって、アンジェリカは子宮壁や他の内臓壁を構成する平滑筋をリラックスさせるのに役立つことがわかっています。月経期の1週間前から続けて服用すれば、多くの女性がつらい思いをしている子宮筋の収縮による生理痛を緩和することができます。

■免疫系の調整作用

中国伝統医学では、アレルギー用の処方薬に必ずアンジェリカを含めています。現在はアンジェリカの有効成分の1つ、クマリンがマクロファージなどの免疫細胞を活性化させることがわかり、古くからの知恵が裏づけられた形となりました。つまりアンジェリカには免疫系を強力に刺激する効果があるわけで、アンジェリカをベースにした薬がガン細胞や腫瘍を破壊するのに有効なのも説明がつきます。もう1つ、アンジェリカには免疫系の細胞に働きかけてインターフェロン分泌を増やすという興味深い面があります。インターフェロンは体内で産生される特別な物質で、ガン細胞の成長率を抑える効果があります。

■アンジェリカの摂取法

どのハーブ製品にも共通することですが、ヘルスストアや薬局から購入したものについてはメーカーによる注意書きに従って下さい。チンキの場合（通常はアルコール濃度65％）は1日3回15〜20滴を服用します。または粉末エキス250mg含有のカプセル1個を1日2回服用して下さい。

■毒性

今まで急性毒性が認められたという報告はありませんが、服用後少数ながら光感作による発疹が見られる人もいます。

■薬物との相互作用

報告されていません。

薬用ハーブ

ホーソン
Crataegus oxyacantha

天然の強心剤 さかのぼれる限りの記録によれば、昔からホーソンは心臓のトラブルや循環器の不調の治療と結びつけられています。狭心症発作を緩和し、心筋自体の栄養状態を改善することで心臓の健康を増進する効果があります。

現代科学によってホーソンに心臓に対する有効成分が発見されるはるか以前から、古代のヒーラーは「象徴論」という薬草に関するガイドラインを利用していました。これは植物の外観や形、物質的な特徴を身体のシステムと結びつけるものです。ホーソンの場合は赤い実が心臓に、その色が血液に例えられました。こんな風にいうと非科学的に思えますが、治癒促進作用を持つハーブの多くはこの分類法によって性質を推し量られてきたのです。

■ 高血圧

ハーブ療法の中でも異論がある問題ですが、ホーソンには直接血圧を下げる効果はないようです。ただし、血圧には心臓の働きと心拍の強さが関連するため、心機能を安定させることで穏やかな血圧降下作用を発揮するのではないかと考えられます。いずれにしても2～3週間は継続して利用しないと効果が出ません。

■ 弱った心臓を助ける

急な狭心症の発作をやわらげる多くの現代的な医薬品とは異なり、ホーソンは冠動脈の血流を増やして酸素と栄養分が効果的に心筋へ届くようにするため、心臓の健康状態を根本的に改善します。心臓病をおこす主な原因の1つは、これら栄養を届ける血管が狭まって筋肉細胞が栄養不足になることです。こういう状態になると、酸素が急激に不足すれば筋肉細胞が死んでしまいますし（心臓発作）、またはゆっくりと機能を失って心不全を起こすことになります。

狭心症や心臓発作など急性の病気の治療にホーソンは使えません。しかし、慢性の鬱血性心不全の場合はとても役立ちます。ホーソンの心筋を強化する作用のおかげで、多くの人がジゴキシンなどの配糖体製剤の服薬量を減らすことができています。

■ 不整脈を軽減する

心臓病への適用例の1つとして、最近では心臓の拍動が乱れる不整脈の治療にもホーソンが使えるのではないかと考えられています。不整脈は非常に不快なものです。不整脈が深刻な心臓病の兆候であることはまれですが、ホーソンによるトリートメントを始めるのは必ず心電図を取ってからにして下さい。心臓病による不整脈でなければ、カルシウムやマグネシウムなどのミネラルを余分に取り、ホーソンも併用すると、安全かつ効果的に心拍の乱れを緩和できます。

■ 血管を強化する

血管系は住まいのセントラルヒーティングシステムによく似ています。パイプを動脈と静脈、ボイラーポンプを心臓に例えればわかりやすいでしょう。パイプの内壁にごみが沈着して狭くなったり詰まったりすればヒーティングシステム内の圧力が高まり、ポンプには重圧がかかります。するといずれは耐用年数より早く壊れてしまいます。これと全く同じことが体内でも起きるわけです。血管が厚く狭くなれば血圧が上昇し、結果的に心臓にストレスがかかるのです。

ホーソンエキスは血管を作っている物質、すなわちコラーゲンそのものを安定させます。ホーソンに含まれるフラボノイド（植物に存在する化学物質）にはビタミンPに似た強力な作用があります。ビタミンPとしても知られるバイオフラボノイドはあらゆる果物や野菜に含まれ、ビタミンCの生体吸収率を増加させるというユニークな性質

を備えています。ホーソンエキスはビタミンCの体内濃度を上げ、栄養素が血管壁に届くのを助けてくれるわけです。

　ホーソンエキスには、プロアントシアニジンという有効成分も含まれています。これはブドウ種子にも見い出される成分で、変性疾患、特に循環系の疾患に対する予防効果があります。つまり、ホーソンは血管を丈夫にするばかりか、アテローム性動脈硬化症というよくある変性疾患の進行を防いでくれるのです。

■ ホーソンの摂取法

　1日2〜3回、昔からあるアルコール65%ベースのチンキを15〜20滴服用するのが普通です。より強力な効果を上げるには錠剤やカプセル剤がよいのですが、この場合は専門家の判断を仰ぐほうがよいでしょう。

　他には、フィトサムという処方でホーソンを取る方法もあります。これはホスファチジルコリンというリン脂質と組み合わせてハーブの吸収率を高めたものです。現在使えるホーソンのエキスとしては、フィトサム100mg（標準化されたもの）用量のものが一番強力でしょう。

■ 毒性

　ホーソンに含まれる成分に発ガン性が疑われたことがあります。疑われたのは有機化合物のプロアントシアニジンに属する成分でしたが、後に試料に混入していた不純物が原因だったことがわかりました。続いてプロアントシアニジンは抗ガン作用を持つことも解明されました。

■ 薬物との相互作用

　ホーソンはジギタリスなどの強心配糖体の効果を高めるため、高用量の投与による副作用リスクを軽減します。

　また、テオフィリン、カフェイン、パパベリン、硝酸ナトリウム、アデノシン、アドレナリンなどの薬物による冠動脈拡張作用を高めます。

エキナセア
Echinacea purpurea

天然の抗生物質 エキナセアの一般的な利用法の1つといえば、風邪とインフルエンザの治療や予防があげられます。冬期、強力な抗ウィルス作用を備えるエキナセアは身体本来の抵抗力を高めてくれる強い味方です。

エキナセアの治癒促進能力を発見し、あらゆる創傷や病気の治療に利用したのはアメリカ先住民でした。時が経つにつれてエキナセアは免疫増強ハーブとして好まれるようになりました。おそらく現代社会で最も広く服用されている薬用ハーブの1つといえるでしょう。

■ 免疫増強作用

エキナセアは免疫を賦活する有効成分とエッセンシャルオイルを数多く含んでいることがわかっています。現在までに、化学的性質に関する350有余の科学的研究が行われています。そのほとんどで、損傷を受けた組織を再生し、炎症を鎮め、直接白血球に働きかけて身体の防御メカニズムを刺激するエキナセアの効果が認められました。またインフルエンザやヘルペス、口内炎ウィルスなどのウィルス感染症の治療に用いられて効果を上げています。

エキナセアの一番ポピュラーな利用法の1つは、風邪とインフルエンザの治療や予防です。これには生葉を圧搾した汁と根のエキス（強力な抗ウィルス作用があります）を組み合わせたものが最も効果的です。

■ 感染症を抑制する

一般的な通念とは異なり、直接感染部位にエキナセアをつけても強い抗菌作用は期待できません。感染症を抑制する効能は、菌そのものへの作用ではなく免疫増強効果によるものと思われます。冬場に予防策としてエキナセアを取ると、身体本来の防御メカニズムを増強してくれるようです。絶対病気にかからないというわけではありませんが、回復が早まるはずです。

エキナセアの服用によって、様々な病気の症状改善に効果が上がっています。関節炎が軽減したという人もいますし、しつこく再発していたヘルペスが初めて治ったという人もいます。ただ、肺感染症や風邪、インフルエンザにとてもよく効いたというケースが圧倒的に多いようです。

■ エキナセアの摂取法

エタノール22％含有の流エキス剤の形で取るのがベストです。現在は標準化されたブランドが数多くあります。エキナセア製品を選ぶ際は、ベータ1,2-D-フルクトフラノシド2.4％含有とあるものなどが望ましいでしょう。

1日3回、チンキ小さじ4分の3杯〜1杯（3〜4ml）か、または流エキス剤小さじ4分の1杯〜2分の1杯（1〜2ml）を服用するのが普通です。

子供はこの半量です。乳幼児（5歳以下）の場合はナチュロパスか薬草医に相談して下さい。

錠剤やカプセル剤もあります。必ずメーカーの注意書きにしたがって利用して下さい。

■ 毒性

所定の使用量を守れば毒性は全くありません。今のところ急性毒性または長期毒性についての報告もありません。

現在、エキナセアは8週間程継続使用し、1〜2週間中断する方法が一番効果的だとされています。天然かどうかを問わず、どんな薬でもそうですが、継続して使用すると身体が慣れてしまい、耐性ができてしまうのです。休止期間を取ればこれは避けられますし、薬剤の効果も変わることなく継続します。

■ 注意
　エキナセアは基本的に毒性のないハーブですが、多発性硬化症や狼瘡などの自己免疫疾患や、エイズその他深刻な進行性疾病の場合は、エキナセアに限らずどのハーブ薬でも、利用する前に保健専門家に相談して下さい。

エゾウコギ（シベリアジンセン）
Eleutherococcus senticosus

ストレス撃退の妙薬　エゾウコギは滋養強壮に役立ち、慢性疲労に悩む人を元気づけてくれますが、それだけではありません。強力な活性効果があり、肉体的な厳しいストレスに身体が耐えられるようサポートしてくれます。現代の健康問題に対する古い知恵の答え、それがエゾウコギです。

エゾウコギは低木植物で、根に生理活性成分が含まれています。ほとんどの処方は根の効力を利用しますが、葉を使う場合もあります。興味深いことに、根に含まれる有効成分は開花直前に一番濃度が高くなります。分析により、エゾウコギの主要な薬用成分はエレウテロサイドという有機物質の大きなグループに属することがわかっています。よく知られたエゾウコギの活性・強壮作用はこのエレウテロサイドによるものです。

■ 慢性疲労症候群

慢性疲労症候群に悩む人の場合、その日1日をやり過ごすエネルギーを絞り出すのが当面の問題です。

慢性疲労は昔から存在していたのですが、病態として認識されたのは最近のことです。その結果、現在はより多くのケースが認められるようになっています。

慢性疲労における大きな問題の1つは免疫系の働きが落ちることです。慢性疲労患者のほとんどが、咳や風邪、肺感染症、鼻づまりなどの症状が再発すると訴えます。感情と免疫反応の関係はようやくきちんと認められ始めたところですが、これに伴いエゾウコギの強壮作用が効果を発揮するのではないかと注目されつつあります。

強壮作用とは、生体系を「正常にする」効果のことです。例えば肉体的または感情的なストレスを受けると、副腎が反応してアドレナリンというホルモンを放出します。エゾウコギは副腎を保護し、ストレスが継続しても副腎がダメージを受けたり疲弊したり（慢性疲労症候群の原因の1つと考えられています）するのを防いでくれます。

また、ヘルパーT細胞という白血球を強力に刺激する作用もあります。活性化したヘルパーT細胞は日和見感染症を効果的に押さえ込みます。

■ ストレスをコントロールする

ストレス時にエゾウコギが効くという事例報告は数え切れない程ありますが、他にも興味深い研究が数多くなされています。騒音や過労など様々なストレス因子への耐性を高める効果に極めて優れることが証明されているのです。

■ エゾウコギの摂取法

1日2～3回、昔からあるアルコール33％ベースのチンキを15～20滴服用するのが一般的です。

より強力な効果を求めるのであれば錠剤やカプセル剤を使えばよいでしょう。ほとんどの場合は1日当たり標準化エキスを100～200mg服用するのがお勧めです。これより量を増やすこともできますが、その際は専門家のアドバイスを仰いで下さい。高用量を長期に渡って摂取するのは禁物です。身体に作用に対する耐性ができてしまうからです。

フィトサムという処方でエゾウコギを取る方法もあります。これはホスファチジルコリンというリン脂質と組み合わせてハーブの吸収率を高めたものです。現在使えるエゾウコギのエキスとしては、フィトサム50mg用量のものが一番強力でしょう。

■ 毒性

エゾウコギに関しては、今のところ急性毒性または長期毒性についての報告もありません。ただし高用量では無害な副作用がいくつか認められています。神経過敏や不安感、頭痛、動悸などがその例です。エゾウコギに関しては服用量が少ない程よいようです。高

血圧症の患者の場合、長期間低用量を服用すれば血圧を下げる効果が期待できますが、高用量を取るとむしろ血圧が上がるケースがあります。

■ **薬物との相互作用**

モノアミン酸化酵素阻害薬であるフェネルジンと相互作用があるという報告がいくつかあります。

その他効果が期待できる一般的な症状

狭心症	ガン
高血圧症	高コレステロール血症
低血圧症	不眠症
リューマチ性疾患	子供の多動
慢性気管支炎	

イチョウ
Ginkgo biloba

血行改善の決め手 イチョウはいつも変わらず高い人気を誇る薬用ハーブの1つといってよいでしょう。短期記憶力を高める、思考を明晰にする、血行不良を改善するなどの効能があるほか、アルツハイマー病の治療にも効果が見込めるところから、手堅い需要があります。

1988年、ドイツにおけるイチョウの処方は540万件を超えました。ただし、需要が増えるにつれて懸念される問題も浮上しています。イチョウは成長が遅い上に、緑の葉の収穫量が飛躍的に増加したからです。

■ 頭をすっきりさせる

「記憶の木」もイチョウの通称の1つ。イチョウを服用すると、記憶力が改善し、思考が明晰になるという報告は昔から注目されていました。この発見はいくつかの科学的研究によって裏づけられています。また、目まい、耳鳴り、ある種の抑うつにも有効という事実を示唆する研究もあります。老化による病気の多くが改善することも証明されていますし、中でも血行不良に関連する症状には顕著な効果が認められます。

イチョウによって脳への血流が増えると酸素とグルコース濃度も高まるとする説があります。この2つは脳が十二分に働くために欠かせない物質で、高齢者や動脈が硬化している人など末梢循環に障害がある場合は多少不足していることが多いのです。

イチョウを用いたアルツハイマー病の治療も研究されており、有望であるという初期の結果も出ていますが、神経変性による影響はいくらイチョウでも回復できません。

■ 手足の冷えに有効

イチョウは脳全体のみならず、手や足などの末端部の血行を刺激するようです。なぜそうなるのかはまだわかっていませんが、血管の内壁に働きかけることは研究によって確認され、血管内壁から特殊な化学物質が放出されるのを促すことが証明されています。すると結果的に血管が拡張し、体内組織に供給される酸素と栄養分が増加するというわけです。

下肢の血行不良を起こしている患者に、標準化されたイチョウエキス160mgを2年間に渡って投与した臨床試験があります。その結果は驚くべきものでした。60m歩くのがやっとだった患者は痛みを覚えずに150mまで移動できるようになり、歩行総距離は330m以上に達したのです。

軽い血行不良の場合も、エキスを服用すれば、例えばレイノー病に伴う痛みを緩和するのに役立ちますし、手足の冷えを改善する効果も期待できます。

■ インポテンスの改善

医学的には勃起不全として知られるインポテンスは多くの男性を悩ます問題です。勃起不全は神経系の機能に問題がないのに、動脈が狭くなって血液の循環量が減ってしまうケースがほとんどです。加齢が関係している場合のほか、糖尿病などの疾病が基礎にある例も考えられます。バイアグラなど最新の薬物によってセックスライフが劇的に変わった男性もいますが、薬を飲むタイミングを計らねばならないのは不便なことも。勃起組織を活性化し、血液供給量を増やすイチョウは天然のバイアグラです。ただしイチョウを服用しても即効性はありません。毎日120mgを6ヶ月取り続けたところ、被験者の50％が勃起機能に改善を見たと報告しています。服用期間が長いほど結果も向上するようです。

■ 視界の劣化

加齢による一般的な問題にはもう1つ、黄斑変性症という病気があります。黄斑は目の内膜の光を感じる部分、すなわち網膜にある特殊な部位です。年

を経るにつれ黄斑部分に血液が十分行かなくなり、徐々に変性してしまいます。すると活字が読みにくくなったり細部が見えなくなったりします。イチョウはこの進行を遅らせるのに役立つことが証明されていますし、糖尿病患者ではまず黄斑変性症にならずに済んだ人もいます。

■ イチョウの摂取法

1日2〜3回、昔からあるアルコール65%ベースのチンキを15〜20滴服用するのが一般的です。より強力な効果を求める場合は、錠剤やカプセル剤を使えばよいでしょう。イチョウに関する調査のほとんどは標準化されたエキスを対象にしています。有効成分含有量が明記されている商品があるのはそのためでしょう。用量40mg中、ギンコフラボン-グリコシドを24%含むものなら概して良質な商品といえます。通常は1日2〜3回、1錠または1カプセルを服用します。80mgの高用量を服用することもできますが、この場合は専門家のアドバイスが必要です。

フィトサムという処方でイチョウを取る方法もあります。これはホスファチジルコリンというリン脂質と組み合わせてハーブの吸収率を高めたものです。現在使えるイチョウのエキスとしては、イチョウフィトサム（ギンコフラボン-グリコシドを24％含むように標準化されたもの）80mg用量のものが一番強力でしょう。

■ 毒性

推奨服用量内であれば、イチョウは極めて安全なハーブです。安全に関する科学的試験が少なくとも44ケース行われ、対象被験者は約1万人に及びますが、胃の不調、頭痛、時々目まいがするなどの軽い副作用しか報告されていません。

ただし、銀杏は利用しないよう注意が必要です。低い毒性があり、果肉にちょっと触れただけでも発疹やかゆみ、水ぶくれなどの症状が出ることがあります。（訳注：日本では少量を食用にしますが、特に子供には食べさせないこと）

■ 薬物との相互作用

イチョウは抗凝血薬と相互作用を起こし、薬の効果を増強する可能性があります。この作用は、長期に渡って抗凝血薬を服用し、イチョウも長期に渡って摂取している場合に認められています。また、他の協力作用としては、男性のインポテンス治療法であるパパベリン注射の効力を増強する効果もあります。

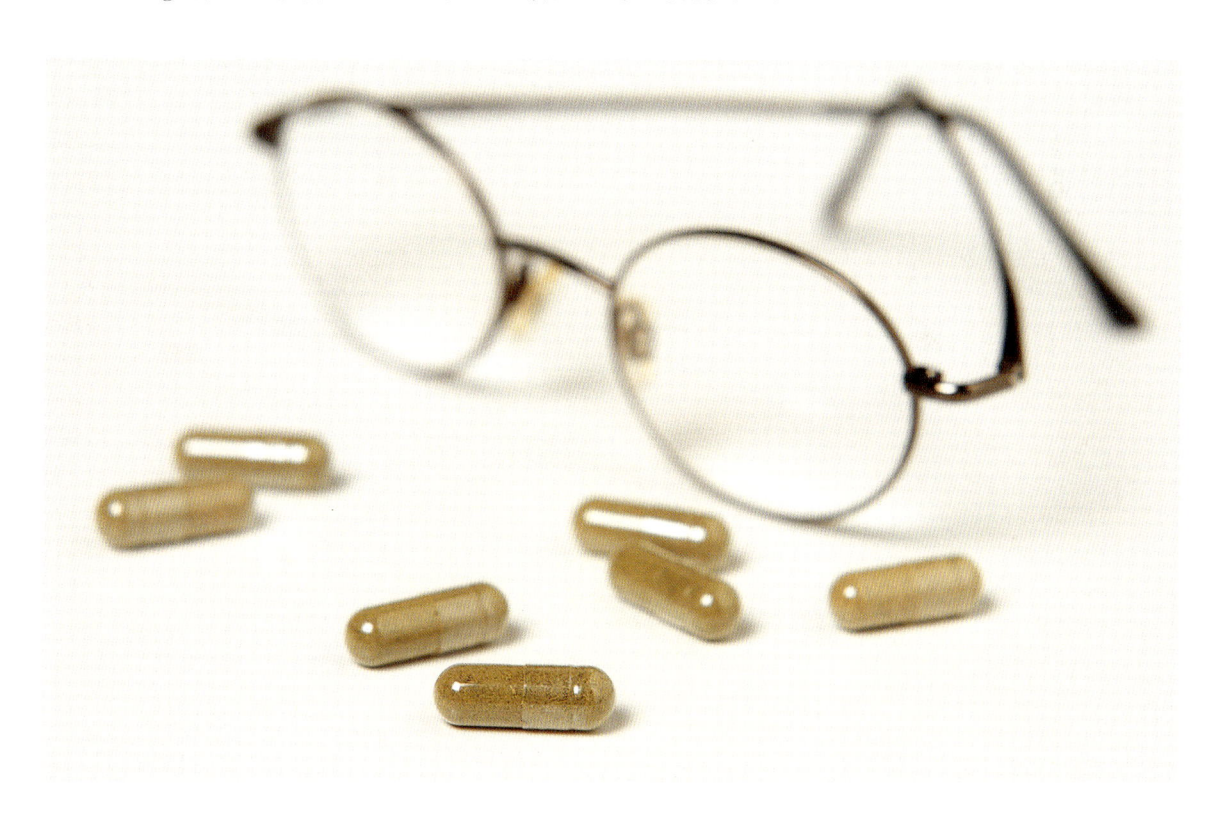

リコリス
Glycyrrhiza glabra

胃腸を鎮める　リコリスは何千年もの昔から、西洋医学と東洋医学の両方で便秘や胃の不調、胸部鬱血、さらにはマラリアの治療に用いられてきました。最新の抽出法のおかげで、リコリスをベースにした薬も効果はそのままながら日常的に使用しても安全なものになりました。

リコリスが注目されたのは第二次世界大戦中、オランダのある医師がリコリスで胃潰瘍を治療した際、患者の多くに顔と手足のひどい腫れを認めたのがきっかけでした。後にこの副作用は、グリチルリチンというリコリスに含まれる天然の化学物質が原因であることがわかりました。続く研究で、グリチルリチンが頭痛や、血圧上昇を招く体液のうっ滞を起こすことも証明されました。現在グリチルリチンが取り除かれたリコリス処方薬もあり、この種の製品は脱グリチルリチン化リコリス（DGL）として知られています。これなら副作用の心配もありません。

■ 消化管の不調を癒す

DGL処方のリコリスは、胃、腸、口内にできる潰瘍に極めて効果的です。現代的な潰瘍治療薬との違いは、腸の内壁を活性化して消化酵素や酸に対する防護バリアを産生させる点です。DGLが働きかけると消化管の内壁細胞が分裂し、潰瘍部分をおおうように増殖します。この作用によってリコリスは消化液による炎症から患部を守るのです。

胃炎など他の消化管の不調に関しても、DGLは炎症を軽減し、敏感になっている内壁が消化液でさらに刺激を受けるのを防ぐ効果があります。

■ ウィルス感染症の撃退を助ける

リコリスが効くウィルス感染症は数多くありますが、残念ながら効果を発揮するのは副作用の恐れがあるグリチルリチンです。効用としては、単純ヘルペスウィルスやHIVウィルスに対する抗ウィルス作用もあります。

■ ホルモン調整作用にも期待

イソフラボンなど、リコリスに含まれるその他の有機化合物にはホルモン調節作用があるようです。伝統的にリコリスを更年期障害や月経トラブルに用いる例について報告があるのは、この効能のためとも考えられます。

■ リコリスの摂取法

DGL処方のリコリスを取るのが望ましいでしょう。DGL錠をよくかむ服用法がベストです。唾液中の酵素と化学物質が活性化すると、リコリスの治癒促進能力が増強されるためです。DGL錠を2〜4錠（380mg）、食事の30分前にかんでからのみ込むのが一般的な服用法です。これは少なくとも8週間続ける必要があり、完全に回復するには16週間かかることもあります。

処理されていないリコリスの根をかんだり服用するのはお勧めできません。グリチルリチンが高濃度に含まれているためです。

■ 毒性

DGL処方のリコリスは有害な副作用がありません。ただしDGLでも高用量では軟便を起こす場合があります。

■ 薬物との相互作用

純リコリスとサイアザイド系利尿薬を併用するとカリウムの排泄量が増加することがあります。また、強心配糖体への反応性が増す場合もあります。これはグリチルリチンが高濃度に含まれているためです。DGLを服用した場合はまず薬物との相互作用はありません。

セントジョーンズウォート
Hypericum perforatum

天然の気分改善剤 多くの国では、セントジョーンズウォートエキスの売り上げが通常の抗うつ剤を大きく上回っています。そのため、「天然のプロザック」の異名を取っているほどです。昔はバームとして使われていたことから、傷の治癒促進効果もうかがえます。

セントジョーンズウォートの名は、つぼみと花からにじみ出る赤いオイルが洗礼者ヨハネの血と関連づけられたことに由来すると思われます。ヒポクラテスやディオスコリデス、ガレノスはそろってセントジョーンズウォートの創傷治癒作用と、坐骨神経痛などの神経痛を緩和する効能について記しています。

多くの医学的試験において軽度～中程度の抑うつを改善する効果が確認されたことから、最近セントジョーンズウォートへの関心が高まっています。

■ 精神を高揚させる

ドイツではセントジョーンズウォートの売り上げが通常の抗うつ剤を上回り、1994年には日用量の処方数が6600万件を記録しています。26件以上の臨床研究でも、その全てにおいて抗うつ効果が確認されています。これらの研究のほとんどが、標準化エキス（ヒペリシン0.3％）300mgを1日3回服用する形をとっています。

■ 抗ヘルペス作用

セントジョーンズウォートに含まれる重要な成分のうち、ヒペリシンとプソイドヒペリシンの2つに関心が寄せられています。単純ヘルペスウィルスとHIV-1ウィルスに対する抗ウィルス作用が実証されたからです。

■ 傷を浄化して治癒を促す

細菌感染した傷にセントジョーンズウォートのオイルを塗るとよくなるという所見は、昔からの記録によって裏づけられています。オイルを分析したところ、抗菌作用にはフロログルシノールという化合物が寄与していることが判明しました。このオイルをクリームベースに加えると、小さな傷の治癒過程を促進する効果があります。

■ セントジョーンズウォートの摂取法

1日2～3回、昔からあるアルコール65％ベースのチンキを15～20滴服用するのが一般的です。抗うつ効果を期待するなら、ヒペリシンエキスを0.3％含むよう標準化された300mg用量のものを利用するのがベストです。これを食事と一緒に1日3回服用します。

局部的に外用する場合は、セントジョーンズウォートのオイルを1日2～3回マッサージしながらすり込みます。

■ 毒性

推奨服用量内であれば、急性毒性はまずありません。ただし、日光に当たると皮膚に発疹が見られる人もいます。

空腹時にセントジョーンズウォートを取ると、時に胃に炎症が起こるケースも報告されています。最高用量を使用する場合は、チーズ、ワイン、ビール、酢漬けニシン、酵母、酵母エキスは取らないようにして下さい。

■ 薬物との相互作用

セントジョーンズウォートはある種の薬剤の代謝に影響を与える場合があります。研究によって、セントジョーンズウォートの有効成分が肝臓に働きかけ、薬物の解毒に関連する化学反応経路に作用することがわかっています。影響を受ける薬剤には、抗ヒスタミン剤、経口避妊薬、抗てんかん剤などがあります。プロザックなど選択的セロトニン再取り込み阻害薬（SSRI）を服用している場合、セントジョーンズウォートは利用できません。

ペパーミント
Mentha piperita var. vulgaris

消化を助け、疝痛を鎮める ペパーミントは広く好まれ、生活の様々なシーンに定着しています。薬用としても、食用または化粧品用としても重要なハーブです。薬物に関する古代の文献に記録はないのですが、これはペパーミントが発見されたのが17世紀後半だからです。

ミント類は昔から広く使われていたようです。ギリシャ、ローマ、エジプトの文献では、特にスペアミントが消化薬として記載されています。

■ 過敏性腸症候群の痙れんを鎮める

過敏性腸症候群（IBS）は現代社会で最も頻繁に見られる消化器系の病気の1つ。神経が腸をうまく調節できなくなるのが原因で、激しい腹痛やガス発生、鼓腸が起こります。ただ、IBSになると腸でガスが多く発生するのではなく、ガス産生による通常の蠕動運動に腸が過敏反応してしまうのです。蠕動運動を感知するとIBS患者の腸は痙れんを起こし、結果として急激な便意や下痢、見かけ上むやみにガスが出るなどの症状が出ます。ガスや便が排出されてしまえば腹痛はおさまります。こういうつらい症状の緩和に、純ペパーミントオイルが広く使われます。ペパーミントオイルの抗痙れん効果は重合ポリフェノールという化合物によるものと考えられますが、メンソール、メントン、酢酸メンテルなどの有効成分もこれに劣らず重要な役割を担っているようです。

■ 胆石を防ぐ

ペパーミントオイルには天然の化学成分が含まれていますが、この組成が胆石に有効と思われます。ペパーミントは胆汁中のコレステロール濃度を下げ、同時に胆嚢内の胆汁酸およびレシチン量を増加させます。ペパーミントオイルによる治療は長期間続けても安全です。

■ ペパーミントの摂取法

シンプルにティーの形で飲めば、胃を鎮静させて消化不良の発生をおさえます。スポーツ損傷や関節炎の患部周辺筋肉にペパーミント（メンソール）エキスをマッサージしながら塗り込むと、痛みを緩和して血行を刺激する効果があります。

疝痛による痛みと痙れんや、IBSによる痛みの治療が目的の場合は、腸溶カプセルを利用します。これなら大腸下部まで届いてからカプセルが溶け、直接患部に抗痙れん効果が発揮されます。通常のカプセルでは息がミントの香りになるだけです。また、ペパーミントオイルが0.2ml含まれた腸溶カプセルを使う必要があります。1日2回、食間に1〜2カプセルを服用します。

■ 毒性

一般的にペパーミントオイルは安全だと考えられています。ただしペパーミントオイルに過敏性がある人の場合、無害な発疹や胸やけ、時には心拍数減少が起こることもあります。ごくまれですが筋肉のふるえが発生するケースも。局所的に塗布した際に過敏反応による発疹が見られる例もあります。不安な場合は広範囲にペパーミント（メンソール）エキスを塗る前に目立たない場所でパッチテストを行って下さい。

■ 薬物との相互作用

胃酸欠乏症（胃液中に塩酸が欠如した状態）患者、シメチジンやラニチジンなどのH2受容体遮断薬を服用している人はペパーミントチンキまたはカプセルの利用を控えます。この場合は腸溶カプセルのみを使って下さい。

カバカバ
Piper methysticum

心の強壮剤　カバカバは神経を鎮め、疲労感と体重減少をおさえ、リューマチを治療する目的で用いられます。不安神経症のケースでバリウムと比較試験したところ、驚くような結果が得られました。

ポリネシアのみに分布し、島民に尊ばれていたカバカバは、18世紀にヨーロッパ人が初めてポリネシアを訪れるまで全く外部に知られていませんでした。西欧社会でのアルコールと同様、カバカバには「カバセレモニー」という製造時の規則と習慣がありました。

■ パニックになる前にカバカバを

カバカバはとりわけ不安神経症の緩和に効果的で、不眠症や焦燥感の改善にも用いられてきました。不安神経症のケースでバリウム（ジアゼパム）と比較試験したところ、驚くような結果が得られました。84人の患者にカバカバを摂取してもらったある研究では、記憶や反応時間の改善、「楽になった」感じが報告されたのです。他の調査でもこの研究結果は裏づけられましたし、さらにカバカバには習慣性がないこと、ジアゼパムの長期使用に伴う副作用などもないことがわかりました。

カバカバの高い効果は、主にカバラクトン類という複数の化学成分によるものです。カバラクトンを70％含むよう標準化されたエキスを利用すると、不安神経症の顕著な改善が認められました。ジアゼパムなどのベンゾジアゼピン系薬を避けたい患者には極めて有効な代替薬といえるでしょう。

■ カバカバの摂取法

軽度の不安神経症や緊張感については、一般的に1日2〜3回、昔からあるアルコール65％ベースのチンキを15〜20滴服用するのが適切です。より強力な効果を求める場合は錠剤やカプセル剤を使えばよいでしょう。市販の処方であれば、カバラクトン類を30％含むよう標準化されているものを使わねばなりません。1日2〜3回、カバカバエキス200mgの用量を取るのがお勧めです。ただしハーブ薬を高用量で取る場合の例に漏れず、専門家の助言を受けるようにして下さい。

■ 毒性

推奨服用量内であれば特に副作用は報告されていません（訳注：肝臓に対する重篤な副作用が報告されています）。ただし高用量を長期に渡って服用すると、手のひら、足の裏、前腕、背中、むこうずねに鱗状皮膚炎を特徴とする皮膚の発疹が見られる場合があります。標準化エキスを取っている場合はそういう皮膚反応も報告されていません。

■ 薬物との相互作用

カバカバはアルコール、バルビツール酸系催眠薬、その他精神に影響を与える薬物など、中枢神経系に働きかける薬物の作用を増幅させることがあります。ベンゾジアゼピンなどの精神安定剤と併用すると相加効果の恐れもあります。また、パーキンソン病の治療に用いられるレボドパの効果を減じます。

ノコギリヤシ
Serenoa repens

前立腺肥大の新たな治療薬 ノコギリヤシの実は昔から民間薬として、主に泌尿器や生殖器のデリケートな内粘膜の炎症を緩和する目的に用いられていました。さらに性欲亢進作用に触れている古代の文献もあります。

ノコギリヤシは小さなヤシで、西インド諸島や太平洋沿岸に分布しています。最近、男性の加齢による前立腺の肥大に実が使われて大いに効果を上げています。この症状は医学的に良性前立腺肥大（BPH）として知られています。ノコギリヤシのパワーは長い間謎に包まれていましたが、現在は研究が進み、前立腺肥大のためのハーブ薬として広く利用されています。

■ 前立腺が肥大するのを遅らせる

前立腺の成長を司るのはジヒドロテストステロン（DHT）というホルモンです。これは前立腺内でテストステロンから生成されます。ノコギリヤシのエキスにはテストステロンがDHTに変換されるのをブロックする力があり、これによって前立腺が過度に大きくなるのを遅らせます。

この恩恵にあずかるには、純粋で十分な効力があるエキスを利用するのが大切です。適切なハーブサプリメントを探す際は、標準化されているかどうかラベルをチェックしましょう。脂肪酸とステロール類を85〜90％含んでいないと良質なノコギリヤシ製品とはいえません。160mg用量を1日2回摂取した場合、全ての臨床研究で通常の処方薬（プロスカー）をしのぐ結果が出ています。ノコギリヤシはプロスカーよりも安価で安全性が高いばかりか、効果も高いのです。

実験では、BPH患者にノコギリヤシを3ヶ月服用してもらったところ、尿の流速が38％増えました。これに対し、プロスカーを12ヶ月使用した場合は16％の改善に留まりました。

■ ノコギリヤシの摂取法

ノコギリヤシの効果を最大限に得るには、必ず脂肪酸とステロールを85〜90％含む標準化された商品を服用して下さい。臨床研究によると、160mg用量を1日2回取るのが最適のようです。

■ 毒性

詳細な研究がなされていますが、ノコギリヤシのエキスには毒性がないことがわかっています。

■ 薬物との相互作用

知られていません。

前立腺とは？

前立腺は栗位の大きさのドーナツ型をした腺です。精子に栄養を補給してその生存を維持し、また感染症を防ぐ効果のある前立腺液を分泌します。前立腺が健康であれば、前立腺液は精液のおよそ30％を占めます。40歳を過ぎると肥大する兆候が現れる場合があります。中にはこの症状が顕著に出る男性もいます。肥大した前立腺が尿路を圧迫し始めると、夜間の頻尿、排尿痛、排尿障害、尿の流速低下などの症状が見られます。こんな症状が出たら、ノコギリヤシエキスを服用する前に必ず専門家に相談して下さい。

マリアアザミ
Silybum marianum

肝臓の強壮剤 マリアアザミの別名「ミルクシスル」は催乳効果を目的に用いられた事実に由来します。また逆にその名はお乳の出をよくしたい母親の興味を引いたことでしょう。多くの本草書ではマリアアザミの実を「種」と呼んでいます。小さく堅いその実（専門用語で痩果（そうか）といいます）は一見種そのものですが、実際は果実なのです。

マリアアザミの果実は昔から薬として用いられていましたが、20世紀初頭に顧みられなくなりました。しかし近年になって実のエキスに肝臓を保護する化学物質が発見され、再び脚光を浴びることとなりました。その後の研究で、様々な肝臓強壮作用はシリマリンという有機化合物グループによることがわかっています。

■ 肝臓は健康の源

肝臓は健康のかなめの1つ。体内に取り入れたもの（食物、飲みもの、薬物）はどれも肝臓を通ってから全身に循環します。肝臓は文字通り身体の科学物質処理工場なのです。有害な毒物を非活性化するのに必要な酵素はどれも肝臓が作り出しますし、生命を維持するのには1日も欠かせない臓器です。当然オーバーワークになりやすく、そうなると身体には毒素が溜まってしまいます。すぐに生命に関わるわけではありませんが、どうも元気がない、全体的に健康が優れないということになります。食べ過ぎで胃がもたれたり、飲み過ぎで二日酔いの際はマリアアザミの強壮効果が役立ちます。

■ 肝臓の毒素排出作用

マリアアザミのエキスを科学的に試験したところ、驚くような事実がわかりました。実験では、自然界で最も強力な肝臓毒の1つ、ファロトキシン（真菌から得られます）を注射してからマリアアザミが与えられました。すると毒物から肝臓の細胞や化学作用を保護するユニークな作用のおかげで、何ら悪影響が出なかったのです。この結果を受けて活動性肝炎と肝硬変の治療に臨床使用され、非常に優れた成果が得られています。また慢性ウィルス性肝炎の患者にホスファチジルコリンとマリアアザミを投与した臨床試験では、病状を測る指標の肝酵素が減少するという改善が見られました。これは、マリアアザミが炎症組織に特異的に作用し、それ以上ダメージを受けるのを防ぐ効果を持つという発見を裏づけるものでした。

■ マリアアザミの摂取法

1日2～3回、昔からあるアルコール65％ベースのチンキを15～20滴服用するのが一般的です。より強力な効果を求めるのであれば、錠剤やカプセル剤を使えばよいでしょう。ただし、より好ましいのはホスファチジルコリンと組み合わせたものです。この処方のマリアアザミ100mg用量（シリマリンを80％含むよう標準化されたもの）を1日3回取るのが、おそらく最も強力な服用法でしょう。

■ 毒性

マリアアザミは中毒反応がほとんどないといってよいほどです。高用量でも時に下痢症状が見られる程度で、中毒症状は出ません。

■ 薬物との相互作用

マリアアザミの実の濃縮エキスは、同時に取った薬物の副作用から肝臓を保護します。研究によって、400mg用量ではブチロフェノンとフェノチアジンの中毒作用を防ぐことがわかっています。フェニトインの中毒作用を軽減することも証明されています。

フィーバーフュー
Tanacetum parthenium

偏頭痛の助っ人 花が咲いた姿は大ぶりなデイジーそのもの。ところが見かけによらずフィーバーフューには独特な組成の植物性有効成分が含まれ、偏頭痛や関節炎の治療薬として利用されます。なぜか1970年代になってから再度人気が出たハーブです。

フィーバーフュー（熱：少ない）という名前からもうかがえるように、もともと偏頭痛や関節炎に用いられるハーブではありませんでした。昔は「熱を下げる」効能を買われて薬草に含められたのです。現在はより効果的な抗熱剤があるため、解熱の薬としては使われていません。

■ 偏頭痛を予防する

フィーバーフューの偏頭痛防止効果の鍵は、パルテノライドという物質にあります。この化学物質は血小板（血液凝固作用に関与する細胞小片）の「粘つき」を減らし、凝集しにくくするユニークな性質を持っています。フィーバーフューは血管壁を構成する平滑筋に対する「強壮」作用も備えています。他には抗炎症メカニズムなども知られ、炎症物質の血中濃度を下げる効果に結びつくと考えられています。鎮痛の鍵を握ると思われるこれらの物質について、現在大手製薬会社による徹底的な研究が進められています。

■ 関節の炎症を緩和する

偏頭痛を緩和するメカニズムは関節の炎症にも有効で、やはりフィーバーフューが効きます。偏頭痛の原因となる炎症物質は、リューマチやその他の様々な関節炎による腫れや痛みにも関わっているからです。強力な抗炎症薬には深刻な副作用が伴うことが多いため、長期の使用はできません。フィーバーフューは優れた代替薬として利用できるでしょう。

■ フィーバーフューの摂取法

フィーバーフューの効能は有効成分であるパルテノライド濃度に左右されます。効果を期待できる1日当たりのパルテノライド用量は0.25～0.5mgです。高品質の製品ならば、このような標準化がなされているはずです。毎日低用量を取れば偏頭痛発作の予防に役立ちますが、発作が起きてしまったら多めに取らなければなりません。自分に合った使い方は何度か試しているうちにわかってくるでしょう。ただし、24時間以内に2g以上服用してはいけません。

■ 毒性

生葉をかむと口内炎を起こすことがあります。また、皮膚炎が起こる人もいますが、概してフィーバーフューは高用量でも安全で、有害な副作用もありません。

■ 薬物との相互作用

報告されていません。

バレリアン
Valeriana officinalis

天然の睡眠導入剤 不眠症に悩む人々がバレリアンとそのエキスの効果を見い出したのは1000年ほど前のこと。有効成分が揮発性オイルにあると考えられたのは1980年代半ばですが、最近の研究によってその説が疑問視されるようになり、バレリアンの鎮静作用が何によるものなのか、再び謎となっています。

ほとんどの治療薬は乾燥させた根と根茎から作られます。鎮静および安定効果を持つ成分が最も高濃度に含まれているためです。

■ 睡眠を誘う穏やかな鎮静作用

睡眠は複雑なプロセスで、睡眠障害についてはほとんどわかっていません。バレリアンなどの昔ながらのハーブを使えば、中毒の心配も、脳のナチュラルな睡眠・起床リズムを損なうこともなく、安全に自然な睡眠プロセス促すことができます。

睡眠研究所で行われた研究によって、バレリアンには穏やかな鎮静作用がある事実が確認されています。バレリアンは脳内の化学反応に働きかけるらしいのです。GABA（ガンマアミノ酪酸）はリラックス感と安らぎをもたらす脳内の化学物質ですが、通常GABAに反応する細胞を刺激することで、無理に身体を鎮静状態にしなくても、睡眠とリラックス感を誘う効果を発揮できるのです。

ただし、いくら優れた鎮静効果を持つバレリアンでも、多量のカフェインを習慣的に取っていてはさすがに効き目を期待できません。

■ バレリアンの摂取法

1日2～3回、昔からあるアルコール65%ベースのチンキを15～20滴服用するのが一般的です。より強力な効果を求めるのであれば、バレリアン酸を0.8%の割合で含むよう標準化されたバレリアンエキス150～300mg用量を服用します。十二分に効果を引き出すには、カフェインやカフェインを含む飲食物とアルコールを避け、就寝30分前にバレリアンを飲みます。

■ 毒性

推奨服用量内であれば、基本的に毒性はありません。

■ 薬物との相互作用

最近の調査により、バルビツール剤の作用を増幅させる場合があることがわかりました。

薬用ハーブ

ジンジャー
Zingiber officinale

旅の必需品 多くのハーブと同様、ジンジャーの薬としての用途は古代中国に見出すことができます。時をさかのぼること紀元前400年、胃の不調、下痢、吐き気、リューマチ、歯痛に用いられたことが文献に記されています。現在は旅行時やつわりに利用されるハーブです。

ここ数年、つわりの治療にジンジャーを用いるのが一般的になってきました。妊婦27人を対象に1日4回250mg用量ずつジンジャーを服用してもらう科学的研究を行ったところ、19人に嘔吐や吐き気の顕著な減少が見られたのです。優れた安全性が明確になり、毒性も極めて低いことから、つわりに推奨される現代薬の仲間入りをすることとなりました。

■吐き気を軽減する

ジンジャーは以前から乗り物酔いに効果ありとして利用が勧められています。NASAと米海軍はいずれもジンジャーについて研究し、様々な結果と見解を得ています。海軍の研究では、将校生徒らが早く「船に慣れる」のに役立つことがわかっています。ただし重要な要素として、服用するジンジャーパウダーの質と純粋性が大きく関わることも指摘されています。

種々の研究の結果から、ジンジャーは神経系ではなく胃腸に働きかけると思われます。ある種の乗り物酔いに効果があったり、処方する形と量によって効果が変わったりするのはそのためもあるのでしょう。

■熱を下げる

ジンジャーは関節炎による痛みと炎症の緩和にもよく使われるようになっています。エイコサノイド類という化学物質が関節炎の痛みと炎症を起こすのは既に解明されているところです。エイコサノイドは食事中の脂肪から作られるホルモン様の生理活性物質で、体内で代謝されてさらに強い炎症物質になります。通常処方される抗炎症薬はこれらの化学物質をブロックして痛みを緩和するのですが、胃の炎症や潰瘍などの副作用があるため、長期の使用となると実用性が限られます。ところがジンジャーは胃に悪影響をもたらさず、これらの物質の炎症を起こす作用を効果的におさえるのです。

■ジンジャーの摂取法

乗り物酔いや船酔い予防にジンジャーを取る場合は、その4時間程前に標準化エキス100mg（辛味成分（ジンゲロールやショウガオールなど）約20%含むもの）を服用します。

つわりには生のジンジャールートのスライスを1片用意し、よくつぶして汁を出します。ペースト状になったら、いれたての温かい緑茶に加えて混ぜます。これをゆっくり含むように飲みます。

■毒性

普通の食事の一環として所定の量を取るのであれば、毒性は知られていません。ただし6g以上ジンジャーパウダーを服用すると胃の炎症などが起こる場合があります。

■薬物との相互作用

ジンジャーはスルファグァニジンという薬物の吸収を高める場合があります。また、出血時間に干渉することもあります。12～14g用量を取るとクマジンなどの抗凝血薬の作用を強める可能性が認められます。

薬用ハーブ

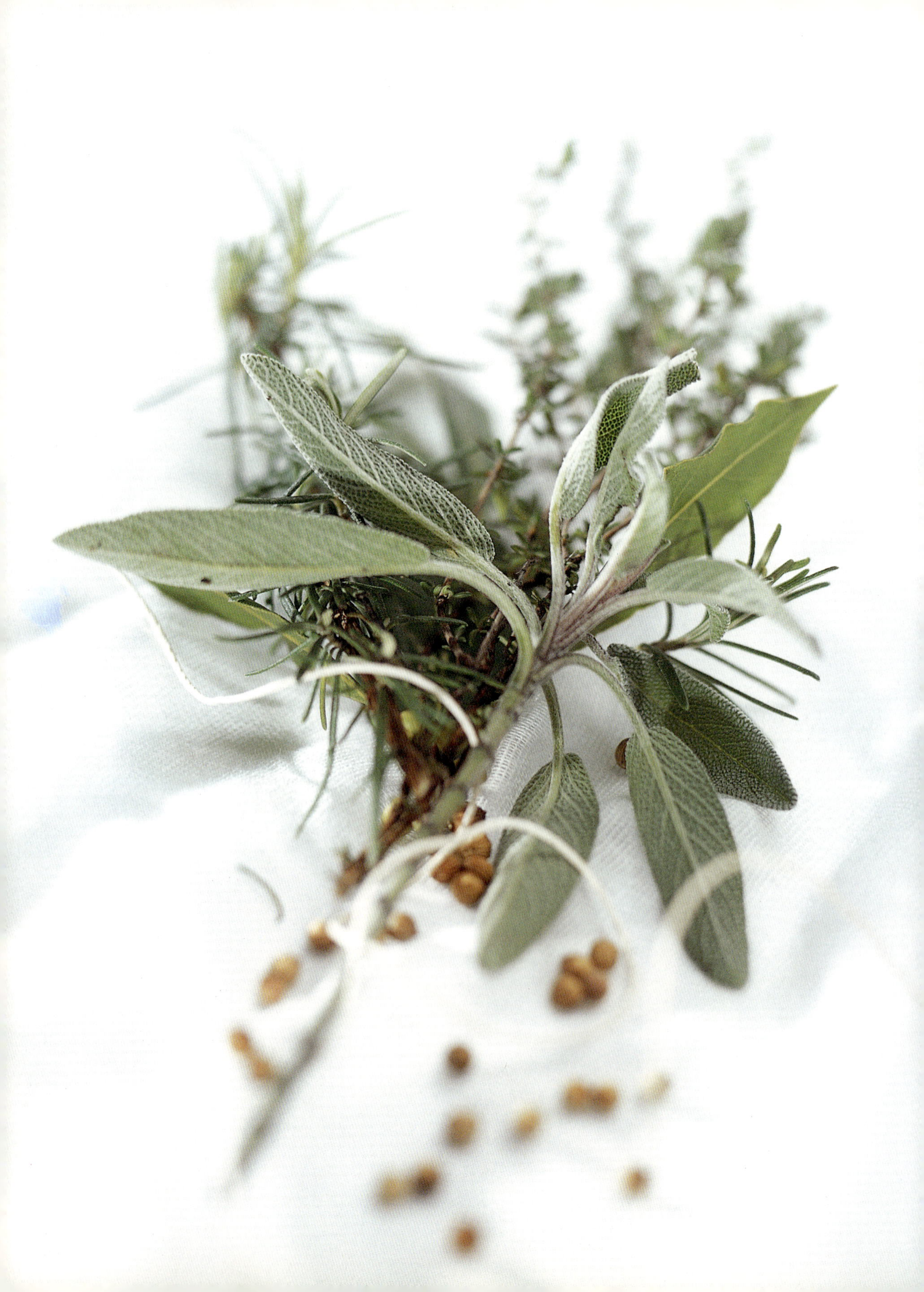

ハーブを使った料理

　ハーブのスペシャリストでなくとも、ハーブが料理に欠かせないのはご存じのはず。刺激的な組み合わせになることもあれば、完璧なまでのハーモニーを醸し出すことも。チャイブは新ジャガや卵と、ディルは魚やキュウリ、タラゴンはチキン、バジルはトマト、ローズマリーはラムと最高の取り合わせになります。パセリはほとんどの料理と相性がよく、他のハーブと合わせると相手の風味を高めてくれます。それに栄養豊富なハーブもあります。本章のレシピをもとに、オリジナルの自慢料理を工夫して作ってみて下さい。思い通りの風味を出すには料理しながら味を見るしかありませんが、それも料理の醍醐味というもの。

　ハーブを味わうには、摘みたてのものを使うのがベストです。ドライハーブは生葉の持つ香りに欠けるためです。とはいえ、フレッシュハーブがない時はとても重宝することに変わりはありません。フレッシュハーブはビニール袋で軽く包んで冷蔵庫に入れておけば1〜2日はもちます。ドライハーブは密封容器に入れて冷暗所に保管します。チャイブやタラゴンなどの葉もののハーブは、洗って乾かし、アルミホイルに包んで冷凍しておくこともできます。香りは2ヶ月程もちます。ただし冷凍ハーブの用途は加熱料理に限られます。冷凍しても風味は損なわれませんが、葉がしなびてしまうからです。

　ドライハーブはフレッシュハーブより風味が強いので少量でこと足りますし、料理の初めから加えられます。一方フレッシュハーブは最後の方になってから添えるほうがお勧めです。フランス語で「つけ合わせのブーケ」を意味するブーケガルニはハーブの小束のことで、長時間煮込むスープやシチューの香りづけに使われます。ブーケガルニにはローズマリー、タイム、ベイ、パセリなど香りの強いハーブを用いるのが普通です。パセリ、タイム、ベイリーフなどの枝を束に結べばブーケガルニの出来上がり。柑橘系の風味が欲しければレモンピールを1片添えます。

ゴートチーズのカナッペ

パンにピリッとした風味の新鮮なゴートチーズを塗り、フレッシュハーブとガーリックを浸けたオリーブオイルを垂らしたカナッペ。これ位シンプルでおいしいものはちょっとないのでは。

4人分
ガーリック　3かけ
塩　少々
レモンの絞り汁　小さじ1杯
チャイブの生葉を刻んだもの　大さじ2杯
タラゴン、パセリ、ディル、ローズマリー、ミントなど好みで　各小さじ3杯
オリーブオイル　75ml
ライ麦パンかフランスパンを小さめに薄くスライスしたもの　8枚
新鮮でマイルドなゴートチーズ　適量

ガーリックをすり鉢とすりこぎでつぶし、塩を加えてからレモン汁を足します。ハーブとチャイブも入れます。ここにオリーブオイルを注いで1時間以上マリネにし、ハーブの風味をオイルに移します。

パンにゴートチーズを塗り、オイルを少量垂らします。ハーブは入れたままでも濾してもかまいません。作ったらすぐにいただきます。

ホタテのサフランクリームがけ

ホタテはマイルドなクリームソースと合わせると一層おいしいもの。クリームソースはホタテの風味を損なうことなく味を引き立てます。ホタテを蒸すと火を通しすぎることもありませんし、しかも文句なしの舌触りに仕上がります。

4人分
新鮮なホタテのむき身　20個
レモンの絞り汁と皮　1個分
ガーリックの皮をむいてつぶしたもの
　1かけ分
生のジンジャールートをすり下ろしたもの　小さじ1杯

ソース
ダブルクリーム　175ml
辛口の白ワイン　大さじ4杯
フィッシュストック　大さじ4杯
チャイブの生葉を刻んだもの　大さじ1杯
サフランスパイス　数本

ホタテを流水で洗い、ペーパータオルなどで軽くたたくようにして水分を取ってから浅いガラス皿に入れます。レモン汁と皮、ガーリック、ジンジャーを合わせ、ホタテの上にかけます。かき混ぜてこれをホタテにまぶし、時々上下を返しながら1時間漬け込みます。

次にホタテを漬け汁から出し、ワックスペーパーを敷いた蒸し器に移します。蓋をして3～4分、ホタテに十分火が通るまで蒸します。

この間に、小さな片手鍋にソースの材料を入れ、5～7分火にかけて温めます。

温めたお皿にホタテをスプーンですくって移し、ソースをかけます。蒸したての野菜とライス、またはヌードルを添えていただきます。

セサミパイクレット

パイクレットは伝統的なホットケーキの1種で、ホットケーキ生地よりも濃い生地を使います。これによって料理中も形が崩れにくくなります。生地は寝かせる必要がないので、直前に作りましょう。

4人分
パイクレット
ベーキングパウダーが入っていない小麦粉　225g
ゴマ　小さじ1杯
溶かしバター　大さじ2杯
ミルク　150ml
薄口醤油　大さじ1杯

トッピング
燻製マスの切り身
チャイブの生葉を刻んだもの　大さじ2杯
ディルの生葉を刻んだもの　大さじ1杯
サワークリーム　150ml
レモンのくし切り（最後に添える）

小麦粉を大きなボウルに移します。ゴマを混ぜ、中央をくぼませて、バター、ミルク、醤油を少しずつ混ぜ入れます。

厚手の大きなフライパンにバター少量を溶かします。生地大さじ2杯がパイクレット1個分です。1度に2個ずつ焼きます。表面にプツプツ穴があいたら返し、もう片面を2～3分、きつね色になるまで焼きます。焼けたら金網に乗せて冷まします。同様にして生地全部を焼きます。

次にマスの切り身をスライスします。ハーブ半量をサワークリームと混ぜます。パイクレットにスプーンでサワークリームをかけ、マスを上に乗せて残りのハーブを散らします。レモンのくし切りを添え、いただく時に絞ってかけます。

チャイブ入りチキンのダンプリング

家族でにぎやかにダンプリングを作り、盛り上がったところで楽しくいただきましょう。

4人分
- 鶏ひき肉　115g
- 薄口醤油　大さじ2杯
- ショウガ汁　大さじ2杯
- 白コショウ　小さじ4分の1杯
- 辛口のシェリー酒　小さじ2分の1杯
- トウモロコシ粉　大さじ1と2分の1杯
- チャイブを1.5cmに刻んだもの　100g
- セサミオイル　大さじ1と2分の1杯
- ダンプリングの皮　24枚
- 揚げ油（植物油）
- チリソース（つけて食べる）

ボウルにひき肉、醤油、ショウガ汁、白コショウ、シェリーを入れ、よく混ぜます。ここにトウモロコシ粉を加えてよくこね、冷蔵庫で最低1時間寝かせます。

別のボウルに刻んだチャイブとセサミオイルを入れて混ぜておきます。

ひき肉生地とチャイブはダンプリングを包む直前に合わせ、よく混ぜてなじませます。

ダンプリング皮1枚につき、小さじ1杯分程の具を乗せます。皮の両端を少しぬらし、つまんでとじ合わせます。この要領で具を全部包んで下さい。

中華鍋かフライパンにオイルを10cmの深さに入れて熱します。190℃くらいが適温です。数個ずつダンプリングを入れ、ひっくり返しながら3〜4分、パリッときつね色になるまで揚げます。揚がったらペーパータオルに乗せて油を切ります。

チキンダンプリングは5〜6分ゆでるか、15分間程蒸す方法もあります。

チリソースを添えていただきます。

ディルのロシアンポテトサラダ

栄養豊富なポテトサラダです。風味を損なわずにカロリーとコレステロールを減らすため、ノンファットまたはローファットのサワークリームとヨーグルトを使いましょう。ディルとチャービルがアニシード風の香りを添えます。

4人分

- 白ワインビネガー　大さじ2杯
- アップルビネガー　大さじ2杯
- 顆粒ブラウンシュガー　大さじ1杯
- 塩　小さじ1杯
- チャービルを刻んだもの　小さじ1杯
- 粗挽きマスタード　小さじ1杯
- キュウリ　1本（皮をむいてさいの目切り）
- プレーンヨーグルト　235ml
- サワークリーム　235ml
- 絞りたてのレモン汁またはライム汁　大さじ1杯
- 乾燥ディル　大さじ1杯
- 新ジャガの赤ポテト（なければ新ジャガで代用）　中8個
- 塩
- マイルドなスイートパプリカ

金属以外の大きなボウルに、ビネガー、ブラウンシュガー、塩、チャービル、マスタード、キュウリ、ヨーグルト、サワークリーム、レモン汁、ディルを入れて混ぜます。ラップなどをかけて冷蔵庫で冷やしておきます。

皮に傷をつけないようそっとポテトを洗います。大きな片手鍋にポテトを入れ、かぶるくらいの水を入れて沸騰させます。強火気味の火加減で10〜15分間、柔らかくなるまでゆでます。ゆで上がったら流水で冷やし、よく水を切ります。

ポテトをそれぞれ一口サイズに切り、冷やしておいたヨーグルトとサワークリームのソースに加えてスプーンで混ぜます。

最低でも6時間冷蔵庫に入れておき、味をなじませます。塩とパプリカをふっていただきます。

サーモンとブロッコリーのペンネ

蒸して作るので、魚と野菜の色みや歯触り、風味がそのまま残るおいしいパスタソースです。好みでサーモンをマスの切り身にしても。

4人分

乾燥ペンネ　355ml
ブロッコリー　115g
オリーブオイル　大さじ2分の1杯
ワインビネガー　小さじ1杯
ガーリック　2かけ（皮をむいてつぶす）
オレンジの絞り汁と皮　1個分
サーモンの切り身　340g（皮を取って角切り）
辛口の白ワイン　大さじ6杯
シングル（低脂肪）クリーム　175ml
ディルの生葉を刻んだもの　大さじ2杯
すり下ろしたてのパルメザンチーズ　大さじ2杯
塩と挽きたてのブラックペッパー
オレンジのくし切りとディル（飾り用）

蒸し器の鍋本体に半分ほど水を張って沸騰させ、パスタと塩を入れます。
ワックスペーパーを敷いた蒸し器にブロッコリーを入れます。次にオイル、ビネガー、ガーリック、オレンジの汁と皮を混ぜてブロッコリーの上に回しかけます。サーモンは流水で洗い、ペーパータオルなどで軽くたたくようにして水分を取ります。サーモンも蒸し器に入れ、ぴったり閉まる蓋をします。
パスタを塩ゆでする鍋に蒸し器を重ね、10分間、パスタと魚に火が通るまで火にかけます。
この間にワイン、クリーム、ディル、パルメザンチーズを鍋に入れ、沸騰させないように加熱します。
パスタを湯切りし、温めておいた皿に盛ります。スプーンで魚とブロッコリーをすくってパスタの上にかけます。ソースもかけて下さい。オレンジとディルを飾っていただきます。

スモークサーモンとディルのリゾット

ディルのアニシードに似た風味がスモークサーモンを引き立てます。ディルの羽のような葉の飾りも魅力的。

4人分
- フィッシュストック　765ml
- 辛口の白ワイン　295ml
- バター　大さじ4杯
- レモンの絞り汁　大さじ2杯
- 赤タマネギ　1個（八つ切り）
- ガーリック　2かけ（みじん切り）
- アルボリオライス（リゾットに向く米）400g
- 塩と挽きたてのブラックペッパー
- カイエンペッパー　小さじ1杯
- ディルの生葉を刻んだもの　大さじ4杯
- スモークサーモン　280g（短冊切り）
- シングルクリーム　175ml
- ディルの生葉（飾り用）

ストックとワインを鍋に入れて加熱し、煮立ったら火をとろ火に落とします。

この間にバターを大きなフライパンで溶かし、レモンジュースを加えます。さらに赤タマネギとガーリックを入れ、タマネギが柔らかくなるまでかき混ぜながら炒めます。この時タマネギが茶色くならないように注意を。次にライスを入れ、ライスにバターが十分まわるまで、かき混ぜながら2分間程軽く炒めます。

ストックとワインのスープ玉杓子1杯分をライスに加え、ライスがスープを含むまでかき混ぜながら弱火で加熱します。この要領でスープが半量になるまで加え続けます。塩とブラックペッパーで味をととのえ、カイエンペッパーを加えます。

さらに20分間スープを加え続けます。ここでディル、サーモン、クリームを混ぜ入れ、もう5分間、ストックを加えながらべたつかない程度のほどよいとろみが出るまで加熱します。

温めておいたボウルに盛りつけ、ディルを飾っていただきます。

チャービル *chervil*

174　ハーブを使った料理

チャービル入り焼きラザーニャ

　生のポルチーニ茸よりも、乾燥品の凝縮された濃厚な風味を生かすと最高の味わいが楽しめる一品です。キノコの戻し汁はソースに使えます。ほとんどのレシピは大抵のキノコで代用してもおいしくいただけますが、このラザーニャには必ずポルチーニを使って下さい。香りと風味が違います。

4〜6人分

乾燥ポルチーニ茸　85g
水　470ml
エシャロット　8本（刻む）
バター　大さじ5杯
ブランディー　大さじ3杯
シングルクリーム　355ml
塩、ブラックペッパー粉、ナツメグ粉（適量）
加熱調理済みラザーニャ　280g
すりおろしたてのパルメザンチーズ　170g
チャービルの生葉を粗く刻んだもの　大さじ5杯

　オーブンを190℃に予熱しておきます。
　片手鍋に水とポルチーニを入れて加熱し、煮立ったら中火に火力を落として5〜10分間、ポルチーニが柔らかくなるまで静かに煮ます。頃合いを見てポルチーニを出し、粗く刻みます。戻し汁はソース用に取っておきます。
　バターでエシャロットが柔らかくなるまでソテーし、ポルチーニを加えてさっと炒めます。ここにブランディーを加え、強火にしてブランディーを蒸発させます。
　ブランディーが飛んだら戻し汁120mlを玉杓子ですくい入れ、強火にかけてほとんど水分がなくなるまで加熱します。
　戻し汁がなくなるまでこれを繰り返すと、濃縮されてしんなりとなったエシャロットとポルチーニができあがります。ここでクリームを加え、5〜10分間とろ火で煮ます。塩、ペッパー、ナツメグで味をととのえておきます。
　30 x 38cmの焼き皿にバターを塗り、ラザーニャ生地を1枚敷きます。ポルチーニソースとチーズを全量の4分の1程ずつ乗せて広げ、チャービルを散らします。具がなくなるまでこれを繰り返し、最後にチーズを乗せます。食卓に出す時に散らすチャービルを少し取っておいて下さい。
　オーブンで25〜30分間、チーズが溶けて所々にきつね色の焦げ目がつくまで焼きます。焼き上がったら残しておいたチャービルを散らし、熱々をいただきます。

チャービル *chervil*

ローストポートベロのマツの実とチャービル添え

　手軽にできておいしい一品です。好みでポートベロの代わりに大きめのシイタケを使ってもかまいません。チャービルに限らず、タラゴンやパセリ、チャイブを刻んだものも利用できます。

4人分
ポートベロマッシュルーム　4個（または大きめのシイタケ12個）
ガーリックを刻んだもの　5かけ分
オリーブオイル　大さじ4〜6杯（または適量）
バルサミコビネガー　大さじ2杯
塩　適量
マツの実　大さじ4杯
ペッパーコーン（干したコショウの実）　小さじ1〜2杯（または好みの分量）
チャービルを刻んだもの　大さじ1杯

　マッシュルームをそのままグリルパンかベーキングシートに乗せます。ガーリック、オリーブオイル、バルサミコビネガー、塩を上にかけ、30分間マリネにします。

　この間に、厚手のフライパンを強火気味の火加減で加熱し、オイルをひかずにマツの実を軽くローストします。マツの実が全体的にキツネ色になって所々に焦げ目がつくまで、絶えずフライパンを揺すってまんべんなく炒って下さい。後は火から下ろしておきます。

　マリネにしたマッシュルームを、裏側がこんがり焼けるまでそのままグリルします。または200℃に加熱したオーブンで焼いてもよいでしょう。焼けたら上下を返して、外側に軽く焼き色がつくまで10〜15分程加熱します。

　各取り皿にマッシュルームを取り分けます。焼き汁をスプーンでかけ、マツの実とペッパーコーン、チャービルを散らしていただきます。

チキンのフライパンソテー、タラゴン添え

時間がない時に重宝する、シンプルながらおいしい夕食用の一品です。熱々のベビーポテトと甘みのある柔らかな野菜を添えて。

4人分
- チキンの胸肉（骨抜き皮なしのもの）　4枚
- タラゴンの生葉　少々
- 無塩バター　大さじ1杯
- 白ワイン　235ml
- エシャロット　2個（皮をむいて細かく刻む）
- ダブルクリーム　150ml
- タラゴンの生葉を刻んだもの　大さじ2杯
- 塩と挽きたてのブラックペッパー

つけ合わせ
作りたてのベビーポテトとベビー野菜

チキンの胸肉を拭いてきれいにし、それぞれ包丁で何本か切れ目を入れます。切れ目にタラゴンの葉を差し込んでおきます。

フライパンに軽く油をひくかスプレーし、中火で加熱します。バターを入れ、溶けたらチキンを入れて片面各5～6分間、火が通るまで焼きます。焼き上がったらフライパンから出しておきます。

同じフライパンにワインとエシャロットを入れて煮立たせます。2分間煮たら火を弱めてクリームを混ぜ入れます。弱火で1分間、ソースにわずかなとろみがつくまで煮立てます。

ここにタラゴンを入れて混ぜ、塩とブラックペッパーで味をととのえます。さらに1分間加熱し、チキンと野菜に添えていただきます。

タラゴン *tarragon*

ハーブを使った料理

チキンとタラゴンのマッシュルームリゾット

チキンの風味づけといえば昔からタラゴンを使います。繊細なハーブのタラゴンはチキンの定番パートナー。

4人分
チキンストック　1000ml
バター　115g
オイル　大さじ1杯
チキンの胸肉（骨抜き皮なしのもの）　4枚
タマネギ　1個（みじん切り）
ガーリック　2かけ（みじん切り）
かさの開いたマッシュルーム　大4個（皮をむいてスライス）
アルボリオライス　400g
ディジョンマスタード　大さじ1杯
塩と挽きたてのブラックペッパー
タラゴンの生葉を刻んだもの　大さじ2杯（または乾燥タラゴン大さじ1杯）
シングルクリーム　大さじ4杯
すりおろしたてのパルメザンチーズ　115g

鍋にストックを入れて火にかけ、煮立ったらとろ火にして静かに加熱します。

この間に大きなフライパンでオイルと一緒にバターを溶かし、チキンを5分間、こんがりきつね色になるまで上下を返しながら焼きます。ここにタマネギ、ガーリック、マッシュルームを加え、タマネギが柔らかくなるまで2分間加熱します。この時タマネギが茶色くならないように注意を。次にライスを入れ、ライスにバターが十分まわるまでかき混ぜながらとろ火で炒めます。マスタードも混ぜ入れます。

ストック玉杓子1杯分をライスに加え、ライスがストックを含むまでかきまぜながらとろ火で加熱します。この要領で、ライスがクリーミーな感じになってスープが半量になるまで少量ずつ加え続けます。ここで塩とブラックペッパーで味をととのえ、タラゴンを入れます。

さらに約25分間、ライスにべたつかない程度のほどよいとろみが出るまでストックを加えながら加熱します。最後にクリームとチーズを入れて混ぜ、温めておいたボウルに盛りつけます。

スケートのタラゴンバター添え

スケート（ガンギエイ）は見た目も美しく味もよい魚類。手に入らなければ代わりに肉厚のタラかアンコウを使っても。タラゴンと魚は相性抜群ですが、ディルかフェンネルの若葉を使っても同じくらい美味のソースができます。

4人分
スケートのひれ　中2枚
辛口のベルモット酒　175ml
オレンジの絞り汁と皮　1個分
リーキ　1本（スライス）
赤タマネギ　1個（4つ切りにして薄くスライス）

タラゴンバター
バター　115g
生のタラゴンを刻んだもの　大さじ2杯
タバスコソース　数滴
ペッパーコーンミックス　小さじ2杯（粗くつぶす）
塩
タラゴンの葉（飾り用）

冷水でスケートを洗い、ペーパータオルで軽くたたくようにして水分を取ります。スケートのひれを半分に切って同じ大きさの切り身を4つ作ります。

蒸し器を2つ使い、中にワックスペーパーを敷いてそれぞれ2切れずつ入れます。

ベルモットと、オレンジの絞り汁半量と皮半量を混ぜ、スケートの上にかけます。リーキとタマネギも同量ずつ各蒸し器に入れ、蒸し器本体に2層に重ねます。ぴったり閉まる蓋をして20分間、途中で蒸し器の上下を入れ替えながら、スケートに十分火が通るまで蒸します。

この間に小さな片手鍋にバターを溶かし、残しておいたオレンジ絞り汁と皮を加えます。ここにソースの他の材料も入れ、とろ火で2～3分間加熱します。

スケートを蒸し器から取り出し、温めておいた皿に移します。スプーンでバターをスケートの上にかけ、オレンジのスライスとタラゴンの生葉で飾ります。新ジャガなど蒸したての野菜を添えていただきます。

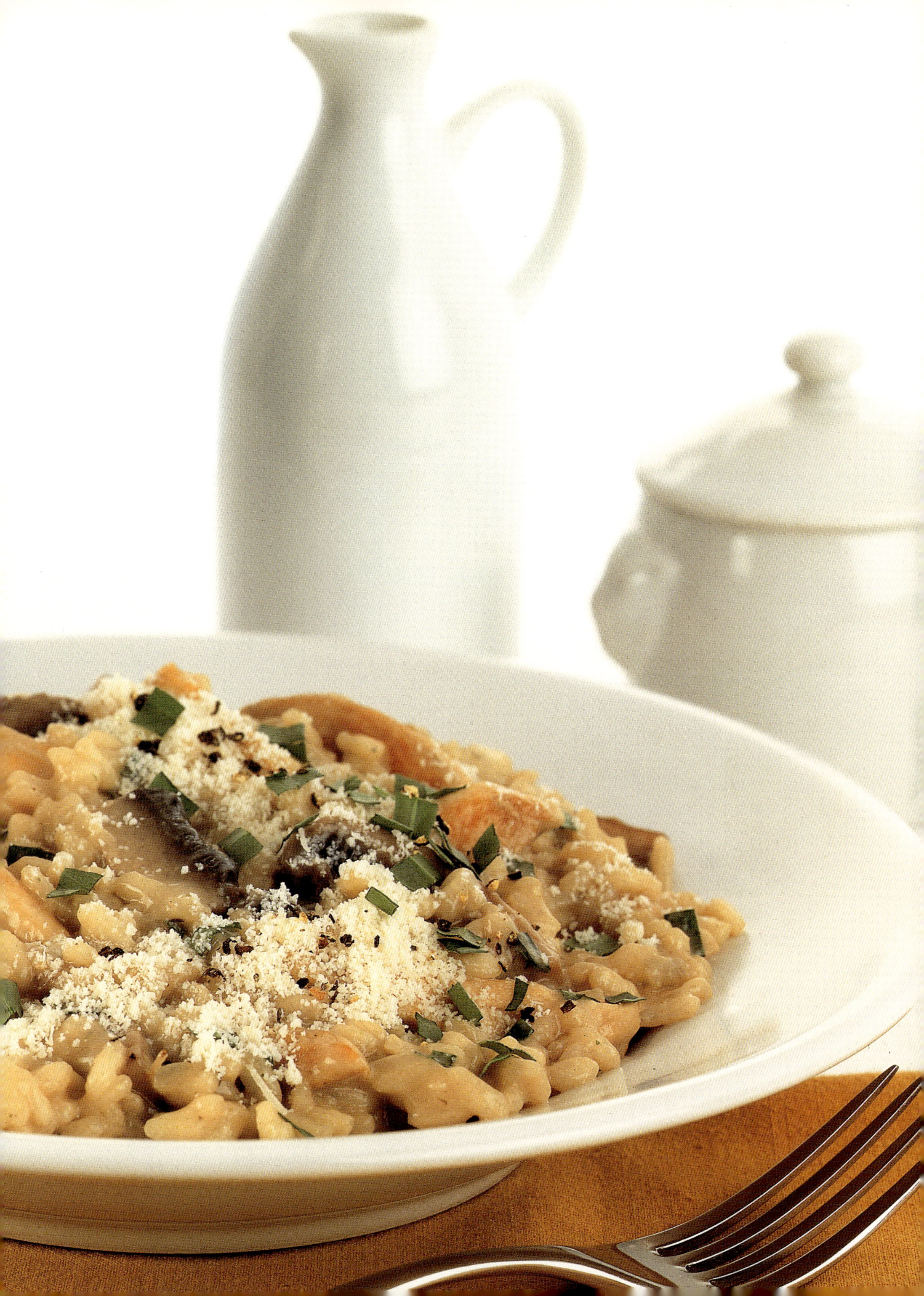

コリアンダー coriander

酸辛湯（スーラータン）

いまひとつ体調が優れない、または風邪を引きそうという時にこのスープを試して下さい。スープのチリが頭をすっきりさせ、気分がよくなります。

6人分

- 乾燥マッシュルーム　55g
- チキン胸肉（皮なしのもの）　小1枚
- 豆腐　170g（水切りする）
- チキンストック　700ml（できれば自家製のもの）
- バードアイチリ（小さなトウガラシ）1～2個（種を抜いて刻む）
- レモングラス　3本（傷んだ外側の葉は取る）
- ニンジン　1本（皮をむいて薄く短冊切り）
- セロリ　2本（筋を取って薄く短冊切り）
- 濃口醤油　大さじ3杯
- スナップエンドウ　55g（半分に切る）
- 豆モヤシ（55g）
- トウモロコシ粉　大さじ4杯
- 辛口のシェリー酒　大さじ2杯
- コリアンダーの生葉を刻んだもの　大さじ2杯

沸騰直前まで加熱したお湯175mlにマッシュルームを20分間浸しておきます。次にマッシュルームを出して戻し汁と分けておきます。戻したマッシュルームは必要に応じて刻んでおきます。

チキンはほそ切り、豆腐は小さくさいの目切りにしておきます。

中華鍋を熱し、ストックとチリ、レモングラスを入れて3分間とろ火で煮ます。ここにマッシュルームと戻し汁、チキンのほそ切り、豆腐、ニンジン、セロリ、醤油を加えます。加熱して煮立たせたら2分間とろ火で煮ます。必要に応じてあくを取り、スナップエンドウともやしも加えます。さらに1分間加熱します。

トウモロコシ粉とシェリーを混ぜて中華鍋に加え、かき混ぜながらわずかにとろみがつくまで加熱します。

コリアンダーを入れて混ぜ、30秒間加熱してから盛りつけます。

トマトとコリアンダーのスープ

　メインの魚料理や鳥肉料理のファーストコースに最適な、冷たくさわやかなサマースープです。コリアンダーの柑橘系の香りが、スープに加えたフルーツジュースを完璧なまでに引き立てます。

6人分
熟した大きなトマト　1.5kg（乱切り）
タマネギ　小1個（刻む）
トマトジュース　175ml
絞りたてのオレンジジュース　大さじ3杯
赤ピーマン　1個（種を抜いたもの）
粉砂糖　小さじ4分の3杯
冷水
コリアンダーを刻んだもの　大さじ4杯
プレーンヨーグルト　175ml

　ミキサーでトマト、タマネギ、トマトジュース、オレンジジュース、赤ピーマン、粉砂糖をピューレにします。
　このピューレを、木製スプーンでできるだけ裏ごしします。残ったかすは捨て、ピューレに冷水を適量加えてスープ状になるまで薄めます。
　コリアンダーを入れて混ぜ、蓋をして冷やしておきます。ゲストが好みで加えられるようにヨーグルトも添えて出しましょう。

コリアンダー *coriander*

ハーブを使った料理

コリアンダー *coriander*

サーモンのフライパンソテー、黒インゲンマメのレリッシュ添え

豊かな風味のハーモニーを醸し出すスパイシーで温かいレリッシュが、軽く焼いたサーモンを絶妙に引き立てます。マイルドなレリッシュが好みなら、ハラペーニョの種とわたを取り除くか、ハラペーニョ自体を入れないでおきます。

4人分
サーモン切り身　4枚
塩とペッパー
オリーブオイル　大さじ1杯

レリッシュ
コーンカーネル（粒コーン）　280g
黒インゲンマメ缶詰　425g
オリーブオイル　大さじ2杯
ライム絞り汁　大さじ2杯
赤ピーマン　小1個（さいの目切り）
ピーマン　小1個（さいの目切り）
トマト　2個（種を取って刻む）
スプリングオニオン（茎つきの小さな白玉ねぎ）を刻んだもの　4分の1カップ強
コリアンダーを刻んだもの　大さじ2杯
ハラペーニョ　1～2個（みじん切り）
クミン粉　小さじ4分の1杯
塩　小さじ4分の1杯
ブラックペッパー　少々

レリッシュの材料を全て下ごしらえしておきます。

サーモン切り身の両面に塩とペッパーを振っておきます。大きなフライパンでオリーブオイルを熱し、サーモンを入れます。中火で加熱し、切り身がほぐれ始め、中央が濃ピンクに変わってくるまで、片面につき3～5分間（切り身の厚さによって加減して下さい）焼きます。上下を返すのは1度だけにしましょう。

この間に、コーン、黒インゲンマメ、オリーブオイル、ライム絞り汁を鍋に入れて加熱し、コーンが柔らかくなるまで約5分間火にかけます。次に残りの材料を加えて、中火で軽く火を通します。

サーモンステーキに大きなスプーン1杯分のレリッシュをかけていただきます。

コリアンダー *coriander*

ハーブを使った料理　183

蒸しムール貝のフェンネル入りクリームソース添え

ジューシーなムール貝によく合うのがフェンネル。シーフードに絶妙になじむかすかなアニシード様の風味を添えてくれます。ワインの代わりに白グレープジュースを使えばアルコール分が残りません。

4人分
ムール貝　2kg（こすり洗いして足糸を取る）
ニンジン　1本（千六本切り）
フェンネルの球茎　1個
ガーリック　2かけ（みじん切り）
フィッシュストック　565ml

ソース
バター　大さじ2杯
赤タマネギ　小1個（さいの目切り）
ガーリック　1かけ（みじん切り）
辛口の白ワイン　60ml
生のハーブミックス（パセリ、ローズマリー、タイムなど好みで）を刻んだもの　大さじ1杯
挽きたてのブラックペッパー
ダブルクリーム　60ml

　ムール貝をきれいに洗い、足糸を取ります。軽くたたいても口を閉じない貝は捨てて下さい。ニンジンの千六本切りと一緒にムール貝を蒸し器本体に入れます。

　フェンネル半量を細かくスライスし、ガーリックとストックとともに蒸し器本体に加えます。ぴったり閉まる蓋をして5分間、ムール貝を蒸し煮にします。

　ストックからムール貝と野菜を全て取り出します。口を開けなかったムール貝は捨てます。冷えないように保温しておいて下さい。ストックから175mlを計って別にしておきます。

　次にソースを作ります。片手鍋にバターを溶かし、タマネギとガーリックを2分間、柔らかくなるまでソテーします。ここにワイン、ハーブ、ブラックペッパー、クリームを加えフィッシュストック175mlを注ぎます。

　残りのフェンネルをみじん切りにし、鍋に加えます。火にかけて煮立たせてから8～10分間加熱します。

　ムール貝を温めておいた皿にスプーンでとりわけ、野菜を上に乗せます。ワインとクリームのソースを添えていただきます。

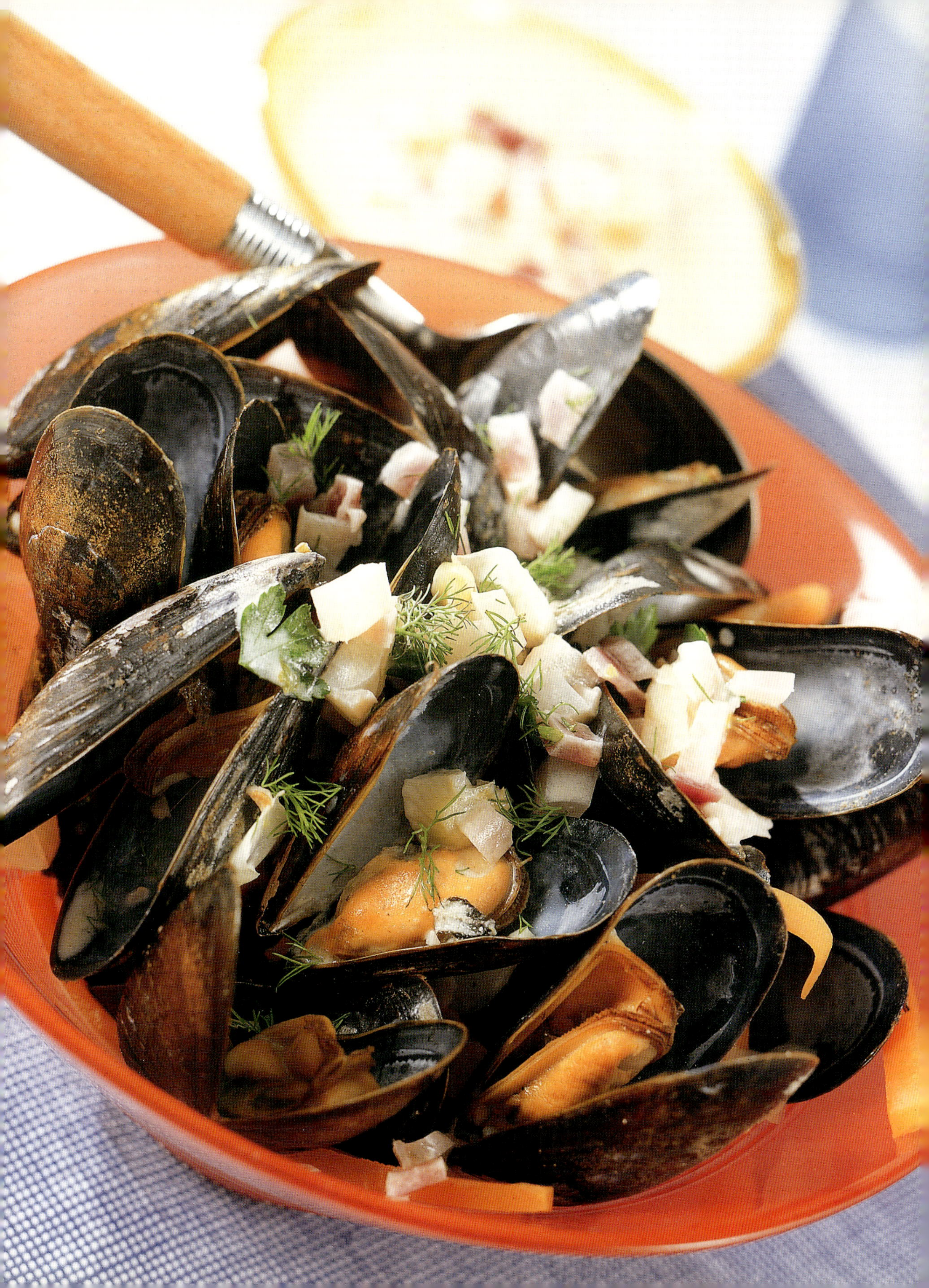

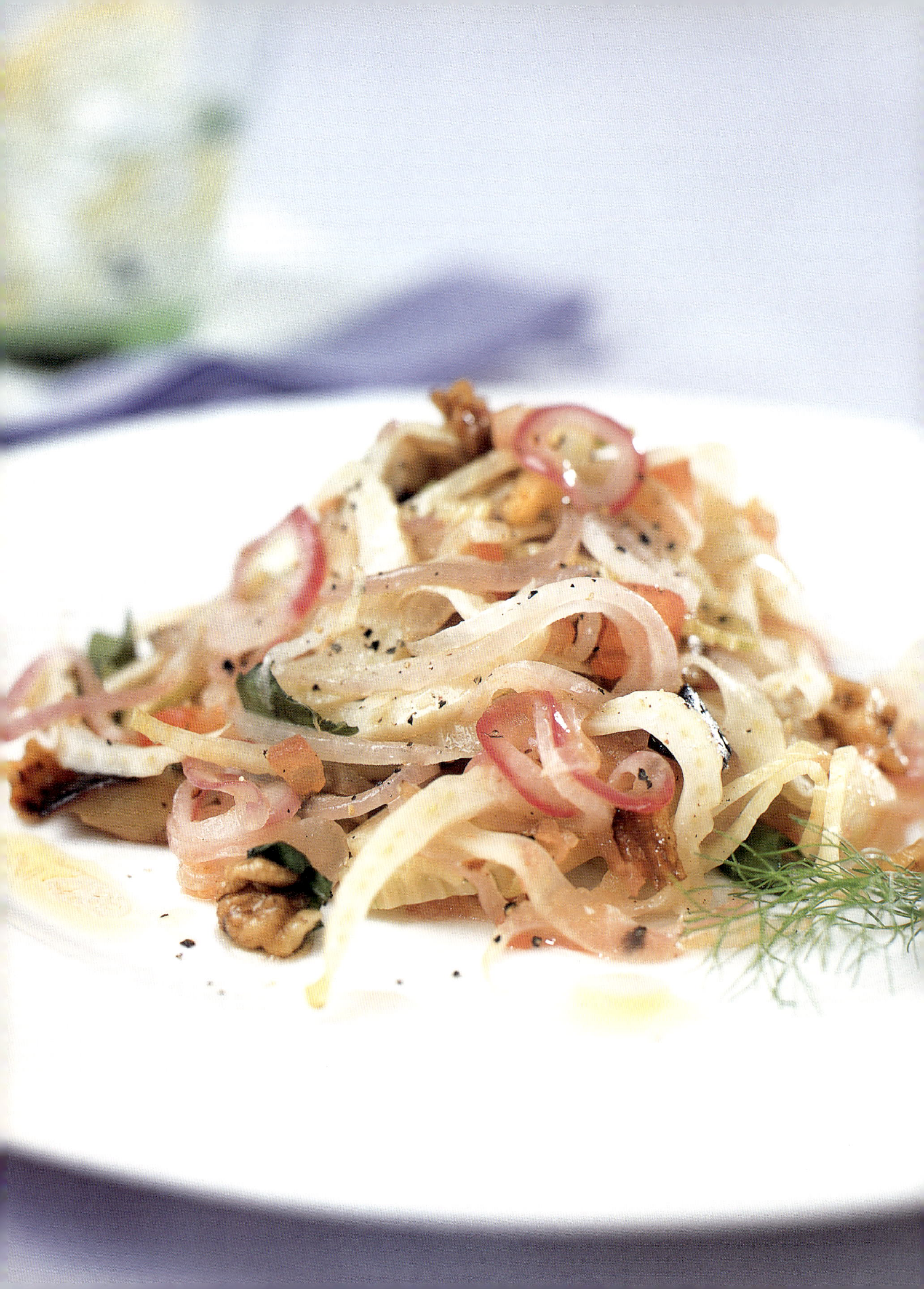

ナスとフェンネル、クルミのサラダ

塩味のクルミがぐっと味を引き締め、ナスとフェンネルを引き立てます。

6人分

- オリーブオイル　175ml
- フェンネルの球茎　1個（細かくスライス、羽状葉は飾りにとっておく）
- 赤タマネギ　小1個（スライスする）
- むきクルミ（ピース）　115g
- 塩と挽きたてのブラックペッパー
- ナス　大1個（1cm角に切る）
- 赤ワインビネガー　大さじ1杯
- トマト　1個（皮をむいて種を取り、刻む）
- バジルの生葉をちぎったもの　大さじ1杯

フライパンにオリーブオイル大さじ3杯を入れて加熱し、フェンネルとタマネギを加えます。5～8分間、茶色く色がつかないように注意しながら柔らかくなるまでさっと炒めます。穴あき玉杓子などですくってサラダボウルに移します。

このフライパンにオイル大さじ2杯を足し、クルミを入れて2分間、かき混ぜながらカリッときつね色になるまで炒めます。焦がさないように気をつけて下さい。穴あき玉杓子でクルミを取りだし、ペーパータオルで油を切ります。これに塩を振りかけ、ざっくりと混ぜてクルミ全体に塩をまぶしてから冷まします。

フライパンにオイル大さじ4杯を加えてナスを入れ、柔らかくなるまで中火で加熱します。全面に焼き色がついたら取り出してフェンネルとタマネギと一緒にします。

残りのオイルと赤ワインビネガーをフライパンに入れ、塩とブラックペッパー少々を加えます。かき混ぜながら加熱し、静かに煮立つ状態になったら野菜にかけます。軽く混ぜてから粗熱をとります。

サラダがまだ温かいうちに塩をまぶしたクルミ、刻んだトマトとバジルを加え、冷ましてからフェンネルの葉を添えていただきます。

ホタテとフェンネルのリゾット

フェンネルとセロリで風味をつけたホタテが、際立つハーブ味を醸し出すリゾットです。

4人分

- オリーブオイル　大さじ2杯
- ホタテ　455g（半分に切る。大きければ4分の1に切る）
- セロリシード　小さじ1杯
- フィッシュストック　1000ml
- バター　大さじ2杯
- リーキ　2本（細かく刻む）
- セロリ　2本（筋を取って細かく刻む）
- フェンネルの球茎　1個（皮をむいて細かくスライス、葉は取っておく）
- アルボリオライス　400g
- セロリソルトと挽きたてのブラックペッパー
- すりおろしたてのパルメザンチーズ　115g
- セロリの葉を刻んだもの（飾り用）

大きな鍋でオリーブオイルを熱し、3～4分間ホタテとセロリシードを炒めて火を通します。油や汁気を切って取り分け、保温しておきます。鍋の汁は取っておきます。

片手鍋にストックを入れて火にかけ、煮立ったらとろ火にして静かに加熱しておきます。

大鍋に取っておいた汁と一緒にバターを溶かします。リーキ、セロリ、フェンネルを弱火で3～4分間、柔らかくなるまでさっと炒めます。さらにライスを加えてかき混ぜながら2分間、よく混ざるまで加熱します。

ここにストック玉杓子1杯分を加え、ライスがスープを含むまでかき混ぜながら弱火で加熱します。この要領で、ライスが柔らかくなってクリーミーなとろみが出るまでストックを加え続けて全量をライスに含ませます。火加減は中火で。この過程は約25分かかります。

ライスにホタテとセロリソルト、ブラックペッパーを加えます。2分間加熱して全体をなじませ、盛りつける直前にパルメザンチーズを入れて混ぜます。刻んだセロリの葉と取っておいたフェンネルの葉を飾っていただきます。

焼きタラのペスト添え

　バジルの葉はイタリア料理のソース、ペストのベースとなる材料。マツの実でさらに風味を高めたこのソースは、フライパンで焼いたタラに合わせると最高のハーモニーを醸し出します。

4人分
ペスト
バジルの生葉　たっぷり2つかみ
トーストしたマツの実　大さじ2杯
ガーリック　4かけ（皮をむいて刻む）
レモンの絞り汁　大さじ1杯
オリーブオイル　120ml
すりおろしたてのパルメザンチーズ　大さじ2杯

主菜
タラ切り身　4枚
オリーブオイル　大さじ2杯
レモンの絞り汁　大さじ4杯
ガーリック　3かけ（皮をむいてスライス）
バジルの葉をざっとちぎったもの　大さじ1杯

　バジルの葉、マツの実、ガーリック、レモン汁を合わせて30秒間フードプロセッサーにかけます。モーターを回したままオリーブオイルをゆっくり加え、さらにパルメザンチーズも入れます。できあがったら小さなボウルに移し、ラップをしておきます。

　タラの切り身をさっと洗い、ペーパータオルなどで軽くたたくようにして水分を取ってから浅い皿に並べます。オリーブオイルとレモン汁にガーリックとちぎったバジルの葉を合わせ、切り身に回しかけます。軽くラップをして30分間冷蔵庫に入れておきます。

　グリルパンに軽くオイルをひくかスプレーし、中火にかけます。タラの汁気を切ってグリルパンに乗せ、火が通るまで各面3〜5分間焼きます（厚さによって調節して下さい）。

　焼けたらグリルパンから下ろし、ペスト少量をスプーンでかけます。ゆでたてのヌードルとトマトのスライス、黒オリーブを添え、バジルの葉で飾っていただきます。残りのペストは別の容器に入れて出しましょう。

ラタトゥイユとゴートチーズのキッシュ

軽くて素朴なおいしさのフランです。ランチやベジタリアンのディナーの前菜として最適です。

4～6人分
ペストリー生地
バター　170g
全粒小麦粉　85g
塩　少々

具
ラタトゥイユ缶詰　400g
バジルの葉をざっとちぎったもの　大さじ1杯
ゴートチーズ　170g
塩と挽きたてのブラックペッパー
ミルク　285ml（ミルクとシングルクリームを混ぜても可）
溶き卵　大2個分

オーブンを200℃に予熱しておきます。次にペストリー生地を作ります。小麦粉と塩にバターを切るようにして混ぜ、生地がポロポロした状態になるまでなじませます。ここにぬるま湯を加え、生地が崩れない程度の状態にしてまとめます。次に粉を打った台の上で軽くこね、めん棒で伸ばして、17.5cmサイズの深いパイ焼き皿に敷きます。生地を10～15分冷蔵庫で冷やし、上にワックスペーパーを重ねてパイ用おもりを乗せます。予熱したオーブンで15分間焼きます。

次にワックスペーパーとおもりを外し、オーブンの温度を190℃に落とします。半分火が通った状態のペストリーの上にラタトゥイユを広げ、バジルの葉とゴートチーズを散らしてからブラックペッパーをふります。別にミルク、卵を合わせてよく混ぜ、塩とブラックペッパー少々で味つけしてからラタトゥイユとチーズの上に流し込みます。

これをオーブンに戻してさらに35分間焼きます。温かいうちのほうがおいしくいただけます。

バジル basil

ナスのペスト

通常のペストの代わりに添えられる比較的ローファットなソース。ナスを焼いた際のスモーク風味がかすかに残ります。

4人分
ナス　大1個
バジルの生葉　たっぷりひとつかみ
ガーリック　3かけ（粗く刻む）
マツの実　75g
すりおろしたてのパルメザンチーズ　115g
大粒のシーソルト　小さじ1杯
オリーブオイル　60ml

皮にシワが寄って火ぶくれができ、果肉が柔らかくなるまで15〜20分間ナスをグリルします。焼けたら湿った布巾で包み、粗熱が取れるまで約10分間おいてから皮をむきます。

残りの材料を全て合わせてミキサーかフードプロセッサーにかけます。ここでナスを加えてさらにミキサーを回します。好みに合わせて味つけをして下さい。ゆでたてのパスタに加え、軽くあえていただきます。

トマトとバジルのブルスケッタ

魚料理やサラダと相性のよい、おいしいオープンサンド。ガーリックブレッドの代わりに出せば新鮮味があって一興。しかも同様のガーリックの風味があります。

4人分
イタリアパンまたはフランスパン（カントリーブレッド）
　厚切り4枚
オリーブオイル　120ml
完熟トマト　6個（さいの目切り）
スイートバジルの生葉をちぎったもの　ひとつかみ
ガーリック　4かけ（みじん切り）
大粒のシーソルト　適量

パンに大さじ数杯分のオリーブオイルを塗ります。ベーキングシートを敷いた上に乗せ、220℃で15分間、カリッときつね色になるまで1〜2回上下を返しながらトーストします。

トマトと残りのオリーブオイル、バジル、ガーリックを合わせ、大粒のシーソルトをふります。トーストしたパンに乗せていただきます。

ボローニャ風リゾット

　このリゾットの香りのもとは、スパゲッティと合わせるのが定番のリッチなソース。ボローニャ料理の伝統的な材料、オレガノを使います。

4人分
ビーフストック　880ml
赤ワイン　150ml
バター　115g
牛または子牛のひき肉　225g
皮なしベーコンのスライス　2枚（刻む）
タマネギ　1個（細かく刻む）
ガーリック　2かけ（みじん切り）
アルボリオライス　400g
塩と挽きたてのブラックペッパー
トマトペースト　大さじ2杯
カットトマト缶詰　200g
ニンジン　1本（さいの目切り）
セロリ　1本（スライス）
オレガノの生葉を刻んだもの　大さじ2杯

　ストックとワインを鍋に入れて火にかけます。煮立ったらとろ火にして加熱しておきます。
　この間に大きなフライパンにバターを溶かし、牛ひき肉とベーコンを2〜3分間、ひき肉の色が変わるまで弱火で炒めます。ここにタマネギとガーリックを入れ、タマネギが柔らかくなるまでかき混ぜながらさらに2分間炒めます。この時タマネギが茶色くならないように注意を。次にライスを入れ、ライスにバターが十分まわるまで、かき混ぜながら2分間軽く炒めます。
　ストックとワインのスープ玉杓子1杯分をライスに加え、ライスがスープを含むまでかき混ぜながら弱火で加熱します。この要領でスープ半量分をライスがクリーミーな感じになるまで加え続けます。ここで塩とブラックペッパーで味つけをし、トマトペースト、トマト、ニンジン、セロリを混ぜます。もう25分間、ストックを加えながらべたつかない程度のほどよいとろみが出るまで加熱します。最後にオレガノを混ぜ込んでいただきます。

オレガノ *oregano*

サンフランシスコのチョッピーノ

　サンフランシスコの名物料理といえば、シーフードシチューの絶品、チョッピーノでしょう。チョッピーノは質素なイタリアのフィッシュスープをもとにしたものですが、こちらは田舎風のブイヤベースです。チョッピーノのブイヨンにはトマトがたっぷり入り、ワインとハーブも加えるのが普通。カニの殻を割る道具とフィンガーボウル、それにナプキンをたくさん用意するのをお忘れなく。

10〜12人分

オリーブオイル　120ml＆大さじ2杯
タマネギ　大1個（刻む）
リーキ　3本（白い部分のみ、刻む）
赤ピーマンとピーマン　各1個（刻む）
ニンニク　8かけ（刻む）
トマト　650g（皮をむいて種を取り、刻む。またはホールトマト缶詰400g3個分を刻む）
パセリを刻んだもの　大さじ4杯
乾燥バジル　小さじ2杯
乾燥オレガノ　小さじ1杯
乾燥タイム　小さじ2分の1杯
ベイリーフ　2枚
乾燥レッドペッパーのフレーク　小さじ4分の1杯（好みで増やしても可）
辛口の赤ワイン　470ml
フィッシュストック　2000ml
塩　適量
カニ　大2匹（加熱して殻を割る）
殻つきハマグリ　2ダース（こすり洗いする）
殻つきムール貝　2ダース（こすり洗いする）
スズキかメカジキなど、身のしっかりした脂っこくない魚　455g（1cm角に角切り）
クルマエビ　650g（殻と背わたを取る）

　特大の鍋かストック鍋にオリーブオイル120mlを入れて加熱し、タマネギ、リーキ、ピーマンを加えて10分間ソテーします。

　小さいフライパンで残りのオリーブオイル大さじ2杯分を加熱し、ガーリックを加えて2分間ソテーします。ガーリックがすぐに茶色くなってしまったら、フライパンを火から下ろして下さい。オイルの余熱でガーリックに火が通ります。このガーリックとオイルをストック鍋に加えます。

　トマト、ハーブ、ペッパーのフレーク、ワイン、フィッシュストックも鍋に入れます。このスープを火にかけ、煮立ったら火力を落として蓋をせずに45分間とろ火で煮込みます。

　味を見て、もっと辛いほうが好みならレッドペッパーのフレークを足します。必要に応じて塩も加えます（前もってブイヨンを準備しておくなら、ここで火から下ろして冷まし、冷蔵庫に入れておきましょう。この場合は食卓に出す約30分前に再加熱して煮立たせて下さい）。

　シーフードをブイヨンに加えます。まずは食卓に出す約15分前にカニを、その5分後にムール貝とハマグリを入れます。さらに7〜8分前に魚を、約3分前にクルマエビを入れます。

　ベイリーフと口を開けなかった貝は取り除きます。各皿にシーフードが均等に行き渡るように取り分け、ブイヨンをかけます。

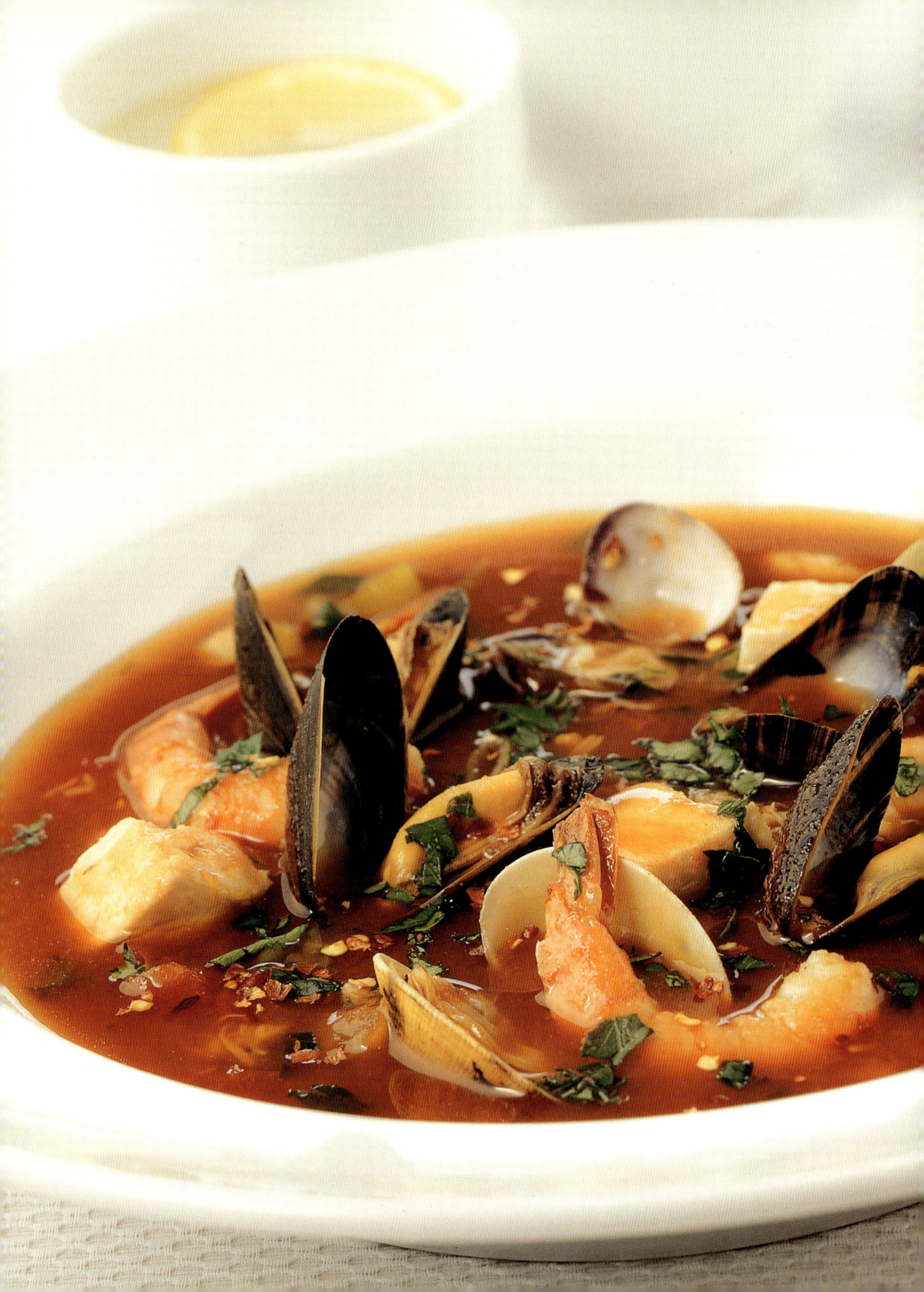

スモークハドックのポット

タラやサーモンなど、薫製の魚なら種類を問わず使えるので、あれこれ魚を変えて作ってみてもよいでしょう。このレシピではクリームカッテージチーズを使います。パセリのフレッシュな味わいが薫製の魚を引き立てます。

4人分
新鮮なホウレンソウ　225g（洗って柄を取る）
スモークハドックの切り身　225g（皮を取ってほぐす）
卵　1個
卵黄　1個分
クリームカッテージチーズ（カッテージチーズにクリームを添加したもの）　175ml
プレーンヨーグルト　120ml
パセリの生葉を刻んだもの　大さじ2杯
ライムの絞り汁と皮　1個分
挽きたてのブラックペッパー
トマト　大1個（薄くスライス）
ライムのスライスとトマト（飾り用）

蒸し器本体に水を入れ、沸騰させて準備しておきます。ホウレンソウを2分間蒸し、蒸し上がったら出して水分を絞ります。

ハドックの切り身を流水で洗い、ペーパータオルなどで軽くたたくようにして水分を取ります。切り身を、卵、黄身、チーズ、ヨーグルト、パセリ、ライムの絞り汁と皮、ブラックペッパーと一緒にして30秒間フードプロセッサーにかけます。

ラミキン（小さな陶製ボウル）4個に軽くバターを塗ります。その中にホウレンソウ半量を敷き、ハドックの入った具の半量を流し込みます。

その上にトマトを重ね、さらに残りの具を入れます。最後に残りのホウレンソウを置きます。

蒸し器にラミキンを入れ、ぴったり閉まる蓋をして固まるまで20分間蒸します。皿にラミキンを返してあけ、ライムとトマトで飾って、焼きたてのパンかトーストしたパンを添えていただきます。

ファトーシュ

　ここで使うのは広く親しまれているレバニーズサルサソース。食卓に出す直前にカリカリにトーストしたピタパンと合わせます。こうするとパンが水分で崩れることなく汁を吸います。

4〜6人分
キュウリ　1本（さいの目切り）
赤ピーマン　大1本（わたと種を取ってさいの目切り）
熟したトマト　4個（さいの目切り）
黒オリーブ　115g
スプリングオニオン　1束（斜め切り）
パセリ（葉が平らな種類）の生葉を刻んだもの　大さじ2杯
ピタパン　2個（カリッときつね色になるまでトースト）
レモンの絞り汁　2分の1個分
オリーブオイル　大さじ3杯
塩と挽きたてのブラックペッパー

　大きなボウルにキュウリ、ピーマン、トマト、オリーブ、スプリングオニオン、パセリを入れて軽く混ぜます。ピタパンを一口サイズにちぎり、野菜に加えます。

　レモン汁、オリーブオイル、たっぷりのスパイスを合わせてよく混ぜ合わせます。これをサラダにかけてよく混ぜ、すぐにいただきます。

パセリ *parsley*

パスタプリマベーラ

アスパラガス、スナップエンドウ、サヤインゲンがまだ小さくて鮮やかな緑色をまとい、強い香りを持つ初夏。そんな初夏の味をたっぷり楽しめる一品です。

4人分
スナップエンドウ　115g（上下を取る）
サヤインゲン　小115g（上下を取って半分に切る）
アスパラガス　225g（硬い部分などを取り除いて5cmの長さに切る）
莢から出したソラマメ　225g
リーキ　小1本（小口切り）
バター　大さじ1杯
ダブルクリーム　235ml
全粒小麦粉パスタ　225g
刻みたてのパセリ　大さじ1〜2杯

塩を加えた水を沸騰させ、スナップエンドウ、サヤインゲン、ソラマメ、アスパラガスを別々にゆでます。火が通りすぎないよう、湯から上げたらすぐに氷水に入れます。アスパラガスは軸を3分間ゆで、それから穂先を入れてさらに2分間加熱します。ソラマメは3分間、スナップエンドウは2分間、サヤインゲンは1分間が目安です。

茶色く色がつかないように注意しながら、リーキを柔らかくなるまでゆっくりバターで炒めます。ここにクリームを加え、煮立つ直前まで加熱します。マメ類とアスパラガスの湯を切ってフライパンに加え、弱火に2〜3分間かけて煮立たせます。さらにパセリを混ぜ入れます。

大きな鍋でパスタを塩ゆでし、湯から上げたら振って水分を切ります。パスタと野菜を混ぜてクリームをからめ、すぐにいただきます。

パセリとセロリの葉のフライ

カリカリのフライにした葉には、びっくりするくらい風味が凝縮されています。揚げすぎて茶色にならないように注意を。

まずはパセリかセロリのかけらをフライしてみて、揚げ油の温度をチェックします。熱すぎると引き上げる前に葉が焦げてしまいますし、低ければパリッと揚がりません。

パセリは洗って水気を切り、大房の茎は取り除きます。セロリの先端部も少し取ります。揚げ油が適温になったら葉を入れ、パチパチという音が止まったらすぐに穴あき玉杓子ですくいます。ペーパータオルに乗せて油を切ります。

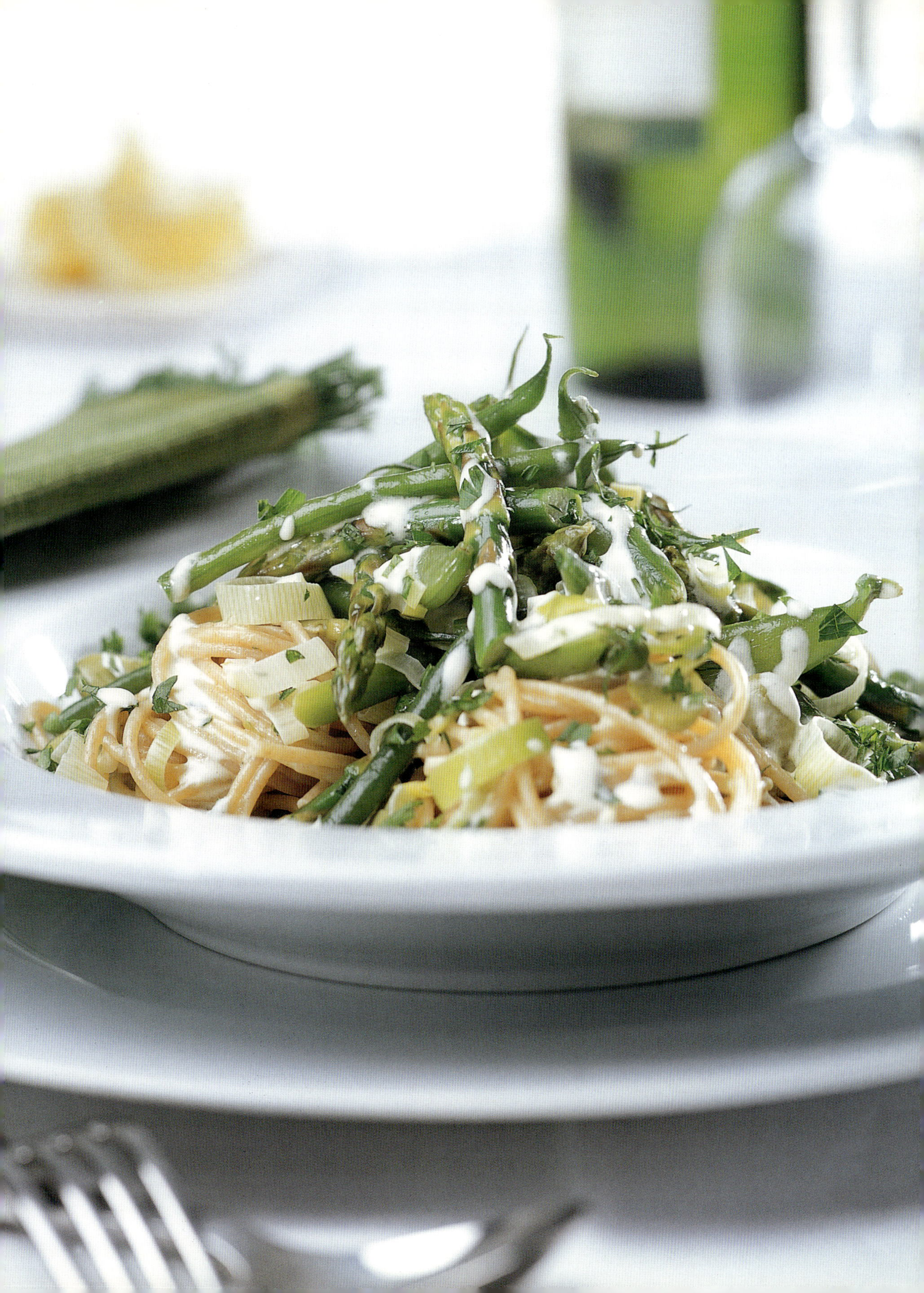

ハーブを使った料理

ラムステーキのガーリック&ローズマリー添え

下ごしらえも調理も簡単で時間がかからないレシピです。どうしても余裕がなければ、マリネにする時間を半分に減らしても。

4人分
- 骨抜きのラムステーキ肉　4枚
- ガーリック　3かけ（皮をむいてほそ切り）
- 生のローズマリー小枝　少々
- オレンジ皮をすりおろしたもの　大さじ1杯
- エシャロット　2個（皮をむいてくし切り）
- オリーブオイル　大さじ2杯
- 赤ワインビネガー　大さじ3杯
- ローズマリーの小枝とオレンジの皮（飾り用）

ステーキ肉を拭き、よく切れる包丁で両面に小さく切れ目を入れてガーリックの細切りとローズマリーを差し込みます。肉を浅い皿に広げ、オレンジ皮とエシャロットをかけます。次にオイルとビネガーを混ぜて肉に回しかけます。軽くラップをして、時々上下を返しながら冷蔵庫で30分間寝かせます。

グリルパンに軽くオイルをひくかスプレーし、中火にかけて加熱します。汁気を切った肉をこの上で4〜6分間、または好みの加減に焼きます。ローズマリーの小枝とオレンジの皮を飾り、ソテーしたポテトとラタトゥイユを添えていただきます。

子牛肉のロースト、ローズマリー風味

天板に残った汁で煮たキノコが、ローズマリーの香味をつけたロースト肉に合う最高のソースに。

6人分
- 子牛の赤身肉　1kg（丸く形を整えて糸で縛る）
- 生のローズマリー小枝　少々
- ガーリック　10かけ（半量は細切り、もう半量は刻む）
- 塩と挽きブラックペッパー
- オリーブオイル　大さじ4杯
- ニンジン　2本（さいの目切り）
- ガーリック　10かけ（皮をむく）
- タマネギ　大1個（刻む）
- 熟した新鮮なトマト　3個（細かく刻む）
- 生のキノコミックス　455g
- 必要に応じて辛口の白ワインまたはストック

オーブンを180℃に予熱しておきます。

肉全体に切れ目を入れ、塩少々をつけたガーリック細切りとローズマリーをていねいに差し込みます。全面に差し終えたら、オリーブオイル大さじ2杯をすり込みます。

ロースト用天板にニンジン、ガーリック10かけ（刻んでいないもの）、ローズマリー少々を散らします。この上にローストラック（天板用金網）を乗せ、肉を置きます。オーブンで1時間15分ローストします。

この間に残りのオイルでタマネギを20分間弱火でソテーします。ここに刻んだガーリックを加えて混ぜます。さらにトマトも入れて火力を上げ、トマトの形がなくなってタマネギとよく混ざるまで加熱します。次にキノコを入れてやや強めの弱火に火力を落とし、時々かき混ぜながらキノコに火が通るまで加熱します。

肉が焼き上がったら天板から下ろします。天板に残った脂分は捨て、肉汁を残します。ここにワインかストックを大さじ数杯加えます。天板を火にかけ、底をへらなどでかき取ります。煮込んだキノコと野菜も加え、全体を均一に温めてから保温しておきます。

ロースト肉を切り分け、ソースをスプーンで適量かけていただきます。

ラムステーキのガーリック&ローズマリー添え

ポークのノワゼット、プルーンと栗添え

生栗の皮をむくのは一仕事ですが、この方法なら簡単で失敗なし。大変なら、ほとんどのスーパーマーケットで売られている皮なし調理済みの缶詰を使っても。

4人分

ポークのノワゼット肉（赤身の筒切り）　8個
乾燥プルーン　115g（刻む）
赤ワイン　150ml
ストック　150ml
ハチミツ（透明で固まっていないもの）　大さじ1杯
バルサミコビネガー　大さじ2杯
栗　225g
オリーブオイル　大さじ2杯
生のローズマリー小枝と挽きたてのブラックペッパー（飾り用）

肉を拭いてきれいにし、必要なら形が崩れないように糸を巻くかつまようじを刺します。浅い皿に並べ、上にプルーンを散らします。赤ワイン、ストック、ハチミツ、ビネガーを合わせて肉とプルーンに回しかけます。軽くラップをして冷蔵庫で30分間寝かせておきます。

次に生栗の上部に切れ目を入れて10分間ゆで、湯から上げてよく水気を切ります（缶詰の栗を使う場合はこの過程は省略）。

グリルパンに軽くオイルをひくかスプレーし、中火で加熱します。ここに栗を乗せて10～15分間、皮が開き始めるまで焼きます。頃合いを見て火から下ろし、冷ましてから皮をむいておきます。

グリルパンに軽くオイルをひくかスプレーし、やはり中火で加熱してからオイルを大さじ1杯加えます。寝かせておいた肉の汁気を切り（マリネ液は取っておきます）、中火で片面ずつ4～6分間、火が通るまで焼きます。グリルパンが乾いてしまったらオイルを足します。

この間に小さな鍋にマリネ液を移し、強火で煮立たせます。半量になったところで栗を入れて混ぜます。皿に盛った肉にローズマリーを飾ってペッパーをふり、栗とソースを添えていただきます。つけ合わせにはマスタードをきかせたマッシュポテトと生のベビー野菜がぴったりです。

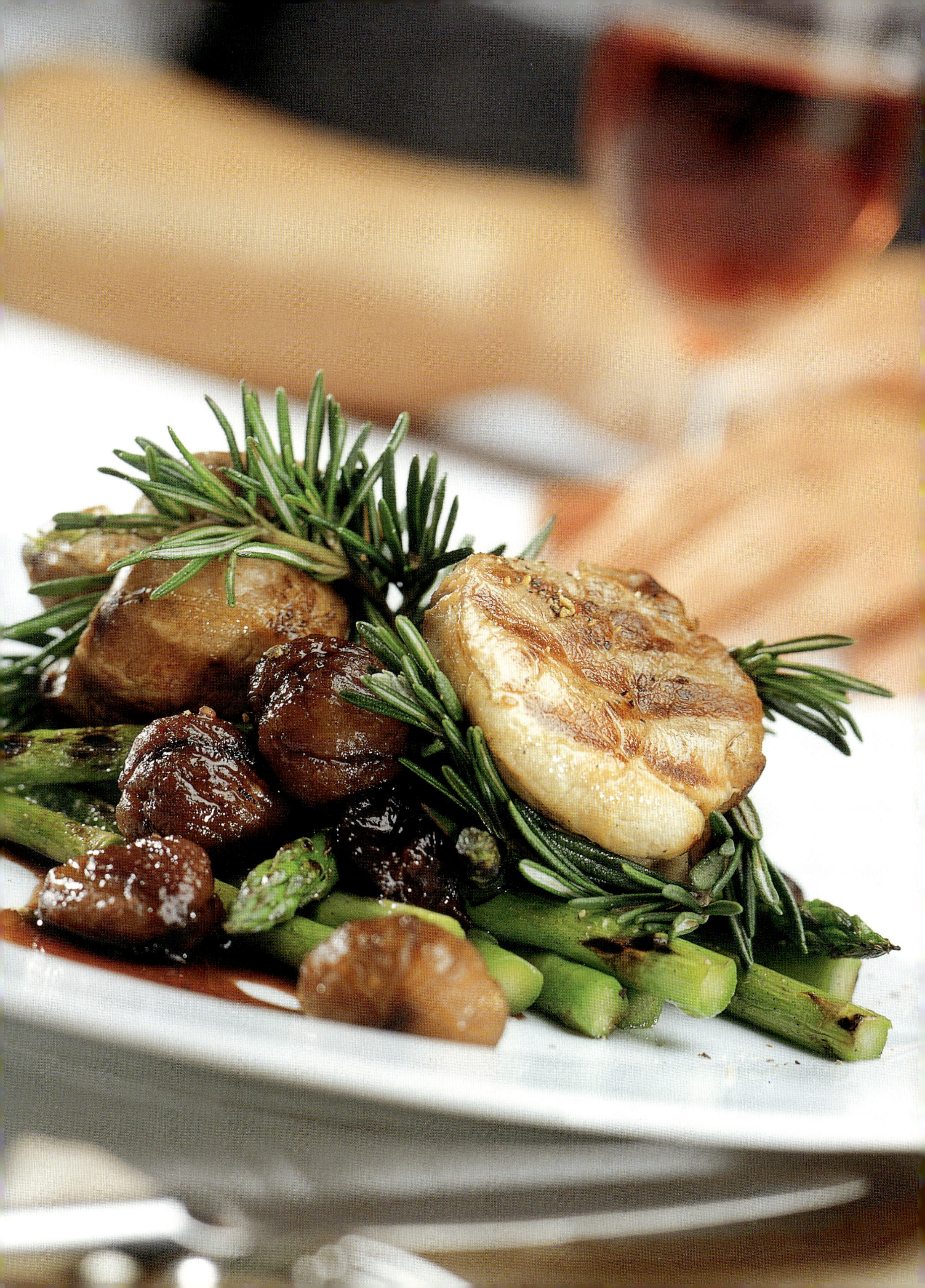

ポークのフライパンソテー、焼きリンゴのレリッシュ添え

生のクランベリーは酸っぱいのですが、乾燥させたものは甘く、しかも酸味を残しています。この酸味がポークと相性抜群なのです。乾燥クランベリーがなければレーズンで代用することもできます。

4人分
- ポークの薄切り肉　4枚
- 粗挽きマスタード　小さじ2杯
- クリアアップルジュース　120ml
- セージ生葉　少々（軽くもむ）

レリッシュ
- リンゴ　225g分（皮をむいて芯を抜き、細かく刻む）
- 乾燥クランベリーまたはレーズン　大さじ2杯
- アップルビネガー　大さじ1杯
- 粗挽きマスタード　小さじ1杯
- サワークリーム　150ml

薄切り肉は必要に応じて不要部分をカットし、拭いてから浅い皿に並べます。マスタードとアップルジュースを合わせて肉にかけます。セージの葉も散らし、軽くラップをして冷蔵庫で30分間寝かせておきます。

グリルパンに軽くオイルをひくかスプレーし、中火で加熱します。この上に刻みリンゴを乗せ、2～3分間、柔らかくなってほんの少し焦げ目がつくまで焼きます。この時くたくたになってしまわないよう気をつけて下さい。焼けたらリンゴを取り出し、残りのレリッシュの材料と合わせて混ぜておきます。

肉の汁気を切り、熱したグリルパンで片面ずつ3～5分間、火が通るまで焼きます。

肉をスライスし、ホウレンソウを敷いた上に盛ります。アップルのレリッシュ、ポテト、熱々の野菜を添えていただきます。セージの葉も飾りましょう。

子牛レバーのハーブソース蒸し

新鮮な子牛レバーは蒸し料理にぴったりです。蒸せばジューシーさと柔らかさはそのまま、マスタード風味のワインソースを添えれば最高のごちそうに。特にレバー嫌いの方もぜひこのレシピをお試し下さい。鉄分が豊富に含まれている栄養価の高い肉です。

4人分
- 子牛レバー　455g
- 赤ワイン　120ml
- ガーリック　1かけ（皮をむいてつぶす）
- セージの生葉を刻んだもの　小さじ2杯
- リーキ　1本（小口切り）
- ニンジン　1本（千六本切り）

ソース
- バター　大さじ1杯
- ベーキングパウダーが入っていない小麦粉　大さじ1杯
- プレーンヨーグルトまたはシングルクリーム　大さじ5杯
- セージの生葉を刻んだもの　大さじ2杯
- 塩と挽きたてのブラックペッパー

レバーを薄く細長く切り、浅いガラス皿に並べます。ワイン、ガーリック、セージを合わせてレバーの上に回しかけます。ラップをして時々上下を返しながら1時間マリネにします。

レバーを取り出し、耐油紙を敷いた蒸し器に入れ、野菜も加えます。マリネ液は取っておきます。蒸し器にぴったり閉まる蓋をして10分間、よく火が通るまで蒸します。

この間に小さな鍋にソース用のバターを溶かし、小麦粉を入れて混ぜます。ここで火から下ろしてマリネ液、ヨーグルトまたはクリーム、セージを加えます。また火にかけ、かき混ぜながらとろみが出るまで、煮立たないように弱火で加熱します。好みに合わせて味つけをして下さい。

温めておいた皿にレバーと野菜を盛り、ソースをかけます。セージを飾り、ゆでたポテトを添えていただきます。

ポークのフライパンソテー

ハーブを使った料理　203

サーロインステーキのオニオンリング添え

　格別ジューシーなステーキに、セージのフライとオニオンリングのコンビのおいしいトッピングを。フライや冷たいビールと合わせればシンプルな取り合わせの料理に。

2人分
サーロインステーキ　2枚
塩とペッパー
オイル（塗る）

トッピング
タマネギ　1個
セージの葉　8枚
シーソルト　小さじ2杯
トウモロコシ粉　小さじ4杯
揚げ油

　トッピングから作ります。タマネギの皮をむいてスライスし、リングを作ります。中央部は取り除いて下さい。さっと塩をふって10分間おき、水で塩を洗い落としてからキッチンペーパーで軽くたたくようにして水分を取ります。

　リングにトウモロコシ粉をたっぷりまぶして5分間おき、上下を返してさらにトウモロコシ粉を押しつけます。

　深鍋に揚げ油を入れ、煙が立ち始める位に熱します。まずセージの葉を入れ、パリッとなるまで揚げます。ただし色が濃くなるまで揚げると苦みが出てしまいます。揚がったらキッチンペーパーに乗せて油を切ります。次にオニオンリングを数分間揚げてから引き上げ、油を再加熱する間に、さらに小さじ1杯のトウモロコシ粉を振りかけます。

　揚げ油にオニオンリングを戻し、カリカリになるまでフライします。これもキッチンペーパーに取り、冷まさないようにしておきます。

　グリルかバーベキュー板を熱しておき、ステーキにオイルを塗ってから塩とペッパーで味つけし、好みの焼き具合に焼きます。

　パリパリに揚がったオニオンリングとセージの葉を添えていただきます。

タイム
thyme

黒オリーブのタップナード

　風味豊かなスプレッドです。カリカリに焼いた薄切りの小さなトーストに乗せればおいしくいただけますし、皮の厚いバゲットに塗ればお腹も満足。クリームチーズかモッツァレラをトッピングしましょう。食材を問わずバーベキューの薬味にも使えます。

4人分
タマネギ　1個（刻む）
オリーブオイル　大さじ4杯
熟した生トマト　3個（細かく崩す）
生のマッシュルーム　455g（みじん切り）
生のタイムの小枝　2本
ストックまたは白ワイン
ガーリック　3かけ（刻む）
黒オリーブ　25個（種を取って刻む）
挽きブラックペッパー（適量）

　オリーブオイルで10〜15分間、柔らかくなってきれいなきつね色がつくまで軽くタマネギをソテーします。

　ここにトマトを加え、全体がペースト状になるまで加熱します。次にマッシュルームとタイムを入れます。時々上下を返すようにしながら約20分間、マッシュルームがくたくたになるまで弱火で炒めます。水分がなくなってしまったらストックか白ワインを加えて下さい。

　とろみがついた状態になったら火から下ろし、ガーリックとオリーブを加えます。よく混ぜてブラックペッパーで味をととのえます。室温まで冷まして使います。

ハーブを使った料理

タイム
thyme

ハーブを使った料理

リーキとパスタのクリーミーなフラン

オーブンから出した焼きたても、冷やしても美味しくいただけます。持ち寄りパーティにも喜ばれる一品です。

6〜8人分

- オレッキエッテパスタ　225g
- オリーブオイル　少量＆大さじ3杯
- 中力粉　少々
- 市販のパイ生地　340g（冷凍ものは解凍する）
- ガーリック　2かけ（みじん切り）
- リーキ　455g分（洗って下ごしらえし、長さ2.5cmに切る）
- タイムの生葉を刻んだもの　大さじ2杯
- 溶き卵　2個分
- シングルクリーム　150ml
- 塩と挽きたてのブラックペッパー
- チェダーチーズ　115g（ささがき状にする）

大鍋に湯を沸かしてオリーブオイル少量を入れ、オレッキエッテパスタをゆでます。時々かき混ぜながら約10分間、パスタが柔らかくなるまで火を通します。ゆであがったら水気を切っておきます。

めん打ち台などに打ち粉をしてパイ生地を伸ばします。25cmサイズのフラン型（側面が波形で底が取れるタイプ）にオイルを塗り、パイ生地を敷きます。冷蔵庫で最低10分間冷やすとうまく焼き上がります。

オーブンを190℃に予熱しておきます。残りのオリーブオイルを大きなフライパンで熱し、ガーリック、リーキ、タイムを約5分間ソテーします。時々かき混ぜながら、柔らかくなるまで加熱して下さい。次にオレッキエッテパスタを入れて混ぜ、さらに2〜3分間火にかけます。

小さなボウルに溶き卵を入れ、クリーム、塩、ブラックペッパーを加えてよく混ぜます。パイ生地を敷いたフラン型にリーキとパスタを移し、均等に広げます。この上に卵とクリームを混ぜたものを注ぎ、チーズを散らします。約30分間、具が固まってパイ生地がサクサクになるまで焼きます。

クルミとタイムのリゾット

クルミとクルミオイルがこくを出し、タイムがデリケートな風味を添えます。つけ合わせにはあっさりしたグリーンサラダを。

4人分

- ベジタブルストック　1000ml
- バター　大さじ2杯
- オリーブオイル　大さじ1杯
- ガーリック　4かけ（みじん切り）
- クルミ　115g（みじん切り）
- タイムの生葉を刻んだもの　大さじ2杯（または乾燥タイム小さじ2杯）
- アルボリオライス　400g
- 塩と挽きたてのブラックペッパー
- クルミオイル　大さじ1杯
- むきクルミ（ピース）　115g
- 生のタイムの小枝（飾り用）

鍋にストックを入れて火にかけ、煮立ったらとろ火にして加熱しておきます。

この間に大鍋にオイルとバターを溶かし、ガーリック、刻みクルミ、タイムを2分間炒めます。次にライスを入れ、炒めたクルミのオイル分がライスに十分まわるまで、かき混ぜながら2分間炒めます。

ここに玉杓子で1杯ずつストックを加えていき、ライスにとろみが出て柔らかくクリーミーになるまで全量を含ませます。火加減は中火で。この過程は25分間ほどかかりますが、急ぐのは禁物です。

塩とブラックペッパーで味をととのえ、クルミオイルを入れて混ぜます。クルミのピースを散らし、タイムで飾っていただきます。

リーキとパスタのクリーミーなフラン

スパイシーなガーリック風味のクルマエビ

シルキーなココナッツミルクの甘さと辛いスパイスの組み合わせが、クルマエビをディナーパーティに最適の一品に仕立てます。マイルドな味が好みならチリの量を減らすか、ほとんどの辛味の元である種を取り除きます。

4人分
生のクルマエビ 450g（殻と背わたを取る）
ズッキーニ 大2本（短冊切り）
レッドチリ 1本（みじん切り）
ニンジン 1本（短冊切り）
赤ピーマン 1個（短冊切り）
トマト 2個（種を取って刻む）
オリーブオイル 大さじ2杯
生のジンジャールートをすりおろしたもの 小さじ1杯
ガーリック 4かけ（皮をむいてつぶす）
ライムの絞り汁と皮 中1個分
ターメリックパウダー 小さじ1杯
コリアンダーパウダー 小さじ1杯
クミンパウダー 小さじ1杯
ココナッツミルク 大さじ4杯
薄口醤油 大さじ1杯
エッグヌードル 225g（乾麺）
コリアンダー葉 少々

流水でクルマエビを洗い、ペーパータオルなどで軽くたたくようにして水分を取ってから浅いガラス皿に野菜と一緒にして並べます。オイル、ジンジャー、ガーリック、ライム、スパイス、ココナッツミルク、醤油を合わせて混ぜ、野菜とエビに回しかけます。混ぜてオイル類をからめ、ラップをして時々上下を返しながら1時間マリネにします。

蒸し器本体に半分程水を入れて沸騰させます。蒸し器に湿らせたワックスペーパーを敷き、クルマエビ、野菜、マリネ液を入れます。これを蒸し器本体に乗せ、ぴったり閉まる蓋をして10分間蒸します。

蒸し器本体の沸騰したお湯にヌードルを入れ、クルマエビなどを入れた蒸し器を戻し、さらに5分間、ヌードルとクルマエビに火が通るまで加熱します。

蒸し器を取り除いてヌードルの湯を切ります。温めておいた皿にヌードルを盛り、上にエビと野菜を乗せます。刻んだコリアンダーで飾っていただきます。

ポルトガル風フィッシュシチュー

すぐに出来上がるので、シチューの名はふさわしくないかも。魚のアラでフィッシュストックを作っても、スーパーマーケットで新鮮なものを買い求めてもかまいません。

4人分
タマネギ 1個（刻む）
ガーリック 5かけ（みじん切り）
セロリ 3本（刻む）
リーキ 2本（刻む）
フェンネルの球茎 小1個（刻む）
オリーブオイル 大さじ6杯
刻みトマト 235ml
トマトペースト 小さじ2杯
赤ピーマン 2分の1個（わたと種を取って刻む）
ベイリーフ 1枚
オレンジの皮片 5cm
フィッシュストック 1700ml
貝と魚のミックス 1〜1と2分の1kg（魚は脂が少ないものを切り身に）
カイエンペッパー ひとつまみ強
塩と挽きたてのブラックペッパー

タマネギ、ガーリック、セロリ、リーキ、フェンネルをオイルで45分間炒めます。ここにトマト、トマトペースト、赤ピーマン、ベイリーフ、オレンジの皮を加えてさっと炒めます。

フィッシュストックを加え、煮立たせてから火を弱めます。貝と魚を加えて40分間とろ火で煮込みます。カイエンペッパーと塩、ブラックペッパーで味をととのえていただきます。

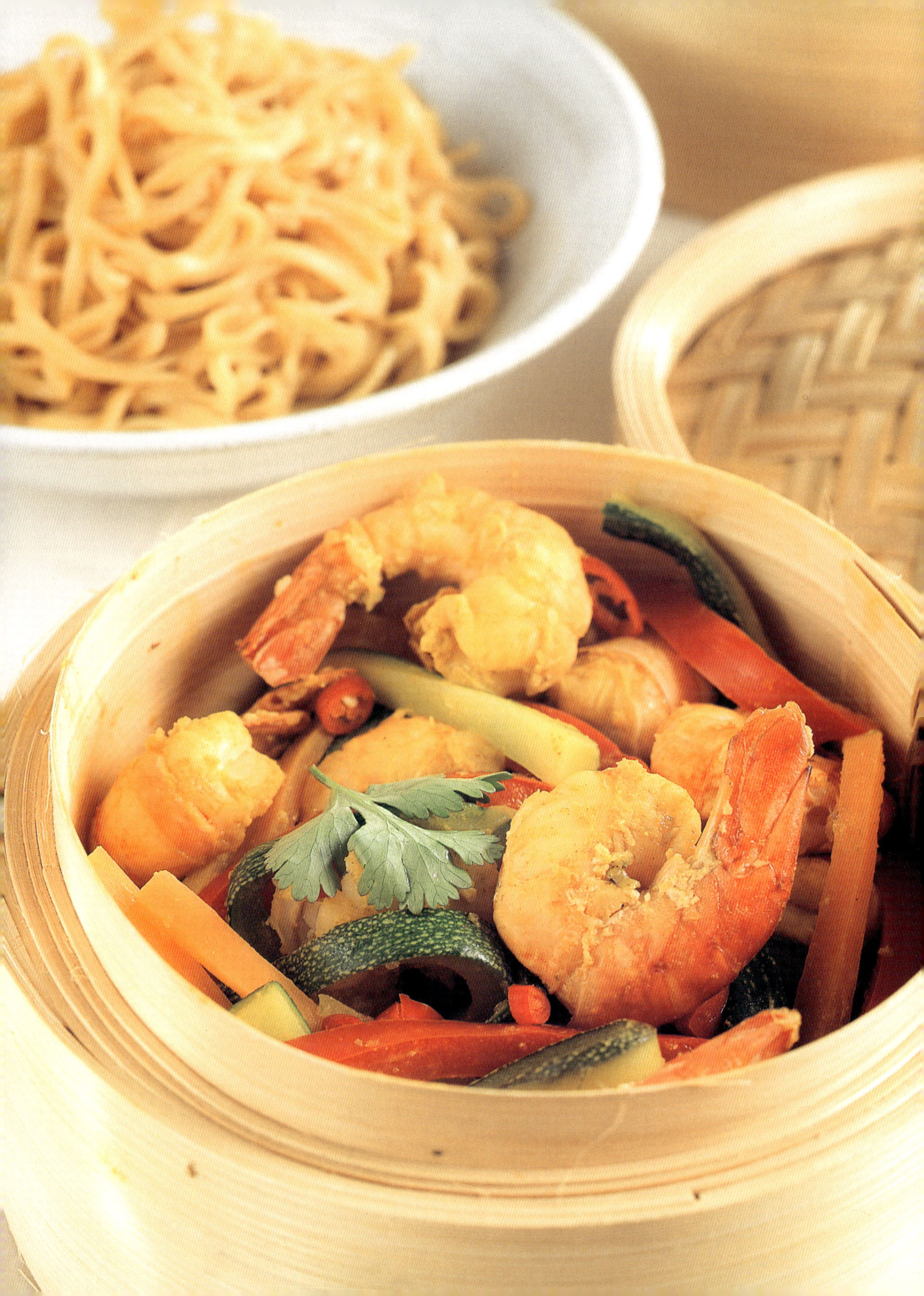

ガーリック *garlic*

ホムス

ホムスは焼きたてのパンやサラダに添えると美味な中東のディップ。昔からガーリックを使うのが定番です。

約235ml分
ヒヨコマメ缶詰　200g
ガーリック　大3かけ（皮をむく）
タヒニペースト（練りゴマ）　120ml
オリーブオイル　75ml
塩と挽きたてのブラックペッパー
レモンの絞り汁　2分の1個分
パプリカ

ヒヨコマメの汁を切ります。汁は取っておきます。マメ、ガーリック、タヒニ、オリーブオイルを合わせ、粒がなくなるなるまでミキサーにかけます。

これに取っておいた缶詰の汁を適量加え、濃いペースト状にします。塩とペッパーで味をととのえ、好みでレモン汁を適量加えます。

皿にホムスを移し、軽く冷やします。

食卓に出す直前にパプリカをふります。

ガーリックチキンのキュウリ&グレープ添え

とてもデリケートな風味の一品です。蒸したライスや野菜と合わせれば夏に向くさわやかな食事に。グレープの代わりに入れるなら乱切りにしたマンゴーがお勧め。

4人分
- チキン胸肉　4枚（皮なしのもの）
- ガーリック　1かけ（半分に切る）
- 塩と挽きたてのブラックペッパー
- キュウリ　1本（千切り）
- 種なし赤ブドウ　115g（半分に切る）

ソース
- チキンストック　120ml
- シングルクリーム　大さじ6杯
- タラゴンの生葉を刻んだもの　大さじ2杯
- 卵黄　1個分

冷水で胸肉を洗い、ペーパータオルなどで軽くたたくようにして水分を取ります。肉の両面にガーリックをすり込み、塩とペッパーをふります。ガーリックと一緒に蒸し器の1段目に入れて15分間蒸します。

次に蒸し器の2段目にキュウリとグレープを入れてチキンの上に乗せ、両方を5分間、チキンに火が通るまで蒸します。

この間に卵以外のソースの材料全部を小さな鍋に入れ、煮立たせないように弱火で熱します。頃合いを見て火から下ろし、卵の黄身を入れて混ぜます。

蒸し器からキュウリとグレープを出し、ソースに加えて混ぜます。温めておいた皿にチキンを移し、ソースと蒸し立ての野菜を添えていただきます。

ガーリック *garlic*

ハーブを使った料理

ドレッシング *dressings*

トマトとバジルのドレッシング

　魚や貝類、パスタ、卵、チキン、アボカドサラダに合うすっきりした味わいの軽いドレッシングです。バジルがトマトの香りを引き立ててくれます。クルミオイルの風味のバランスを取るために砂糖少量を加えてもよいでしょう。

約285ml分
オリーブオイル　大さじ1杯
クルミオイル　大さじ2杯
白ワインビネガー　大さじ2杯
シェリービネガー　大さじ1杯
味の濃いトマト　3個
バジルの葉　18〜20枚（刻む）
粉砂糖　少々（好みで）
塩と挽きたてのブラックペッパー

　ボウルにオイルとビネガーを入れてよく混ぜ合わせます。
　トマトの皮をむいて種を取り、細かく刻んでからバジルと一緒にドレッシングに加えます。必要に応じて粉砂糖を足し、塩とペッパーで好みの味にととのえます。

タラゴンとセサミのドレッシング

　トマトスライスにかけると、ドレッシングのナッツ風味がトマトの風味を引き立てます。セサミオイルの代わりにクルミオイルを使っても。

120ml分
タラゴンの生葉を刻んだもの　小さじ4杯
ディジョンマスタード　大さじ1杯
レモンの絞り汁　大さじ2杯
セサミオイル　大さじ2杯
グラニュー糖　少々（好みで）
塩と挽きたてのブラックペッパー

　ボウルに材料全部を入れてよくかき混ぜます。使う直前に作って涼しいところに置いておきましょう。

ハーブを使った料理

チャイブとレモンのビネグレットソース

温かいポテトにざっくりと混ぜて冷ませばおいしいポテトサラダのできあがり。特に新ジャガとスプリングオニオンのみじん切りに相性抜群です。

約175ml分
- ガーリック　1かけ
- 塩と挽きたてのブラックペッパー
- レモンの皮を細かくすりおろしたものと絞り汁　1個分
- 粗挽きマスタード　小さじ1と2分の1
- オリーブオイル　大さじ4杯
- チャイブを刻んだもの　大さじ2杯

ボウルにガーリックと塩少々を入れ、つぶしてからレモンの皮と絞り汁を加え、さらにマスタードを足して滑らかになるまで混ぜます。

絶えずかき混ぜながらオイルを少しずつ加え、よく乳化させます。

ここにチャイブを入れてブラックペッパーで味をととのえます。

サルモリッリョ

シチリアでは魚のカバブをサルモリッリョでマリネにしてからグリル焼きやバーベキューにします。シチリア人は、海水を使わないとサルモリッリョの本当のおいしさを引き出せないと信じているとか。海から離れている場合は代わりにシーソルトを！

約285ml分
- ガーリック　1かけ
- パセリの生葉をみじん切りにしたもの　大さじ1杯
- オレガノの生葉を刻んだもの　小さじ1と2分の1杯
- ローズマリーの生葉を刻んだもの　小さじ約1杯
- シーソルト
- バージンオリーブオイル　175ml（少し温める）
- お湯　大さじ3杯
- レモンの絞り汁　大さじ4杯
- 挽きたてのブラックペッパー

すり鉢かボウルにガーリック、ハーブ類、塩少々を入れ、すりこぎか木製スプーンの柄でつぶしてペースト状にします。

これとは別に、湯煎にして温めたボウルにオイルを入れ、フォークで絶えずかき混ぜながらお湯、レモン汁の順で加え、乳化するまでよく混ぜます。

ガーリックとハーブのペーストを加え、ブラックペッパーで好みの味にととのえます。時々かき混ぜながら5分間、熱いお湯に乗せてボウルを湯煎します。冷ましてから使います。

ドレッシング *dressings*

ハーブを使った料理

ハーブドリンク

herbal drinks

ハーブドリンク

　寒気がしたら、冬向けのホットハーブドリンクを飲んで風邪予防につとめるのが一番。熱々にしていただきましょう。

レモンバームのワインカップ

10杯分

ボルドーワイン　1瓶
レモンバーム　小束1つ
ボリジ　小束1つ
オレンジ　1個（スライスする）
キュウリ　2分の1本（厚くスライス）
コニャック　リキュールグラス1杯
ブラウンシュガー　大さじ1杯
冷やしたソーダ水　120ml

　ソーダ水以外の材料全部を水差しに入れ、氷で1時間冷やします。これをよく混ぜて濾し、冷やしたソーダ水を加えます。
　コニャックを入れなくても十分おいしくいただけます。

ジンジャーとバレリアンのティー

4人分

乾燥バレリアン　小さじ1杯
生のジンジャールートをすりおろしたもの　小さじ1杯
沸かしたての熱湯　470ml
レモンの絞り汁　2分の1個分
ハチミツ（透明で固まっていないもの）　小さじ2〜3杯

　ティーポットか、適当な容器にバレリアンとジンジャーを入れます。上に熱湯を注ぎ、3分間浸出させたら、レモン汁とハチミツを混ぜて混ぜます。ストレーナーで濾していただきます。

カモミールとアップルのティー

6人分

乾燥カモミール　55g
クローブ　2個
グリーンカルダモン　3個
リンゴ　2分の1個（皮つきのままスライス）
沸かしたての熱湯　750ml
シナモンスティック　1本
ハチミツ、ライトブラウンシュガー、メープルシロップなど（飲む際に添える）

　材料全部を鍋に入れ、煮立ったら火を弱くしてかき混ぜながら5分間、とろ火で加熱します。頃合いを見て火から下ろし、冷たい容器に注ぎます。そのまま5分間おき、濾して水差しか温めたティーポットに移してカップに注ぎます。その際にリンゴスライスやシナモンスティックを洗ってからポットに加えてもよいでしょう。好みでハチミツかライトブラウンシュガー、メープルシロップで甘みをつけます。

左ページ上　レモンバームのワインカップ
左ページ下　ジンジャーとバレリアンのティー
左　カモミールとアップルのティー

herbal drinks

ハーブを使った料理

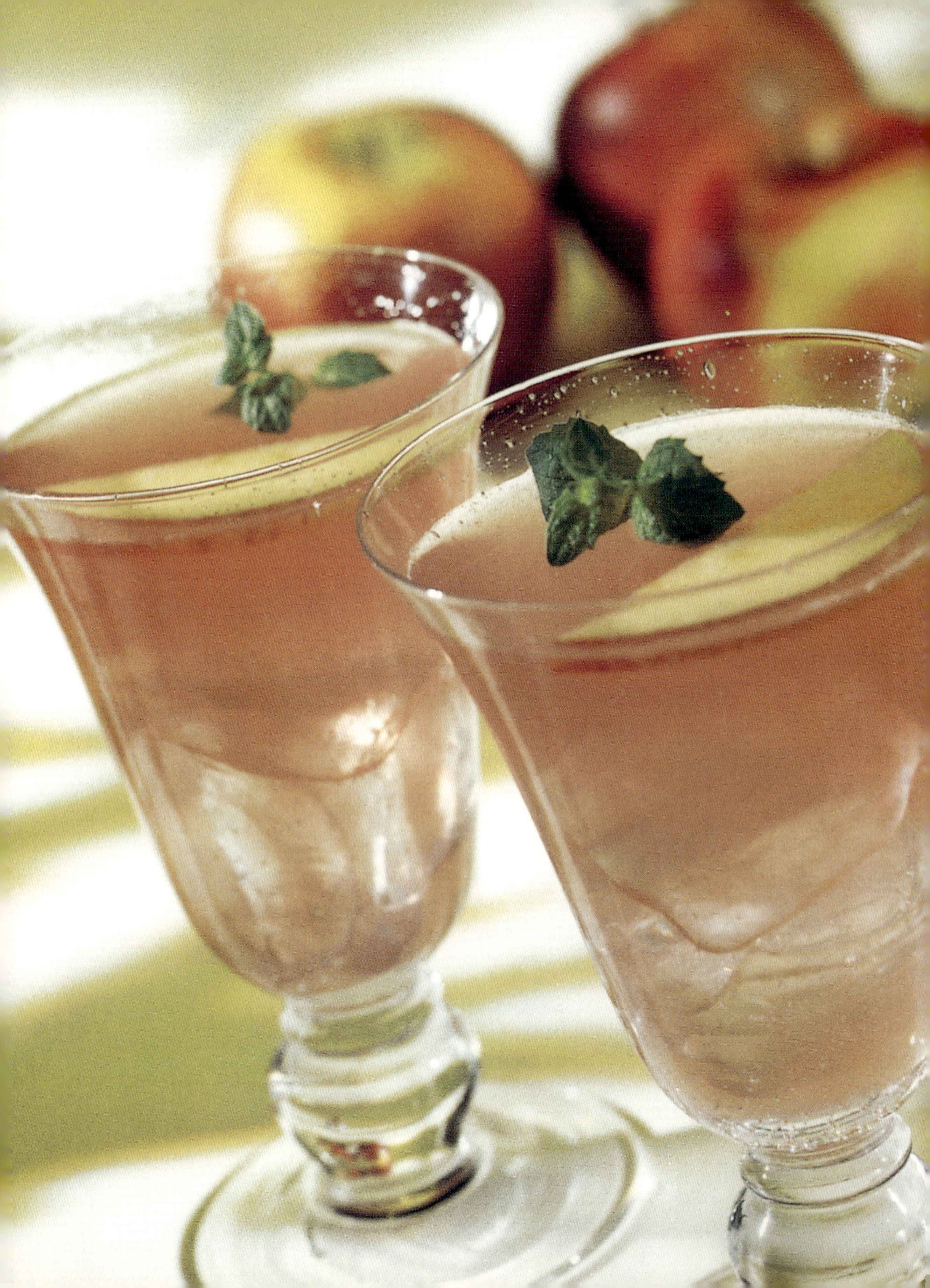

ハーブドリンク

ハーブティーに氷を浮かべれば最高にさわやかなドリンクに。冷やすと香りが立たないので二倍の濃さに作り、冷蔵庫で冷やしてから氷の上に注いでいただきます。

アップル&ミント&クランベリーのクーラー

4人分
乾燥クランベリー　大さじ4杯
ミントの小枝　2本
リンゴ　1個（皮をむいてスライス）
熱湯　425ml

材料全部を大きなティーポットか水差しなどに入れ、上に熱湯を注ぎます。1時間浸出させたら濾し、冷やしてから氷の上に注いでいただきます。

＊アルコールドリンク　各グラスにつきグレナディン（ザクロシロップ）大さじ1と2分の1杯と、ジンかウォッカ適量（大さじ1と2分の1杯）を加えます。

トマトとパセリのスリング

4人分
トマトジュース（または野菜ミックスジュース）　470ml
パセリ　小束1つ
ウスターソースまたは醤油（適量）

トマトまたは野菜ジュースとパセリをミキサーかフードプロセッサーにかけます。氷の上に注ぎ、ウスターソースまたは醤油で好みの味にととのえます。

＊アルコールドリンク　各グラスにつきウォッカ適量（大さじ1と2分の1杯）を加えます。

ネトルのジンジャービール

約10杯分
生のジンジャールート　115g（粗く刻む）
水　825ml
粉砂糖　大さじ4杯
乾燥ネトル　大さじ2杯
オレンジの皮をすり下ろしたもの　小さじ2杯
シナモンスティック　1本

粗く刻んだジンジャールートと水120mlをミキサーかフードプロセッサーにかけます。鍋に水120mlを入れ、砂糖を入れて溶かします。材料全部を水差しなどの蓋つき容器に入れます。よくかき混ぜてから涼しい所で24時間寝かせます。これを濾して冷蔵庫で約1時間冷やし、氷の上に注いでいただきます。

＊アルコールドリンク　各グラスにつきウィスキー適量（大さじ1と2分の1杯）を加えます。

アップル&ミント&クランベリーのクーラー

索 引

英数字

Achillea filipendulina 49
Achillea millefolium 21,49
 A. Millefolium var. rosea 49
Aconitum napellus 30
Ajuga reptans 26
 A. reptans Atropurpurea 30
 A. reptans Burgundy Glow 30
Alcea rosea 24,30
Alchemilla mollis 22,29,50
Alchemilla vulgaris 50
Allium sativum 42,51,144
Allium schoenoprasum 15,52
Aloe barbadensis 53,146
Aloysia triphylla 15,54
Althaea oficinalis 55
Anethum graveolens 15,56
Angelica archangelica 25,29,57
 A. acutiloba 147
 A. atropurpurea 57
 A. polymorpha var. sinensis 57
 A. sinensis 147
Anthemis nobilis 58
Anthriscus cerefolium 59
Arnica montana 60
Artemisia abrotanum 28,42,61
 A. absinthum 28
 A. absinthum Lambrook Silver 28
 A. dracunculoides 15,62
 A. dracunculus 15,62
 A. Powis Castle 28
 A. stelleriana Boughton Silver 28
 A. vulgaris 42

Borago officinalis 63

Carum carvi 65
Centranthus ruber 31,102
Chamaemelum nobile 21,22,32
 C. nobile Flore pleno 22

C. Treneague 32
Chrysanthemum parthenium 23,47,66
 (「*Tanacetum parthenium*」も参照)
Citrus bergamia 21
Consolida ambigua 25
Coriandrum sativum 15,67
Crataegus laevigata 68
 C. oxyacantha 148
Cynara cardunculus Scolymus group 28

Dianthus 28
Digitalis purpurea 30

Echinacea 69
 E. angustifolia 25
 E. purpurea 25,30,150
 E. purpurea Leuchstern 30
 E. purpurea White Swan 25
Eleuterococcus senticosus 152
 (「*Panax ginseng*」も参照)
Eryngium giganteum Silver Ghost 28
 E. maritimum 28
 E. maritimum Miss Wilmott's Ghost 28
Erysimum asperum Bowles Mauve 31
 E. cheiri 31
Eucalyptus 28

Foeniculum vulgare 15,21,70
 F. vulgare Purpureum 21,30

Geranium 26
 G. Johnson's Blue 26
 G. magnificum 26
Ginkgo bioloba 71,154
Glycyrrhiza globra 72,156

Hamamelis virginiana 24
Humulus lupulus Aureus 29
Hypericum perforatum 73,157
Hyssopus officinalis 74

Iris Florentina 21
Iris germanica 75

Jasminum grandiflorum 21,76
 J. officinalis 21,76
 J. sambac 76

Laurus nobilis 14,77
 L. nobilis Aurea 29
Lavandula angustifolia 18,20,78
 L. stoechus f. leucantha 28
Lilium candidum 20
Linaria alpina 31
Lobelia cardinalis 30

Melissa officinalis 22,79
 M. officinalis Allgold 28
Mentha 80
 M. piperita 22,80,158
 M. x piperita citrata 30
 M. spicata 15
Monarda citriodora 81
 M. didyma 30,81
 M. fistulosa 81
Myrhis odorata 82

Nepeta cataria 26,83

Ocimum basilicum 85
 O. basilicum Dark Opal 30
 O. basilicum Purple Ruffles 15,30
Oenothera biennis 25,84
Oregano onites 15
Oreganum mjajorana 15,87
 O. vulgare 15,86
 O. vulgare Aureum 28

Panax ginseng 88
 (「*Eleuterococcus senticosus*」も参照)
Pelargonium 89
 P. crispum 17,89

P. fragrans 89
P. graveolens 17,21,89
P. odoratissimum 89
P. quercifolium 89
P. radens 89
P. tormentosum 17,89
Petroselinum crispum 15,90
Phlomis fruticosa 29
Piper methysticum 91,159
Pulmonaria officinalis 26
 P. officinalis Cambridge Blue 26

Rosa 92
 R. x alba 18
 R. x alba Semiplena 18
 R. x centifolia Muscosa 18
 R. x damascena var. *semperflorens*
 R. gallica var. *officinalis* 18
 R. gallica Versicolor 18
Rosmarinus officinalis 14,20,22,93
 R. officinalis var. *albiflorus* 28
 R. officinalis Aureus 20
 R. officinalis Prostratus group（這性）....14

Salvia elegans Scarlet Pineapple 17
 S. lavandulifolia 20
 S. officinalis 14,20,22,94
 S. officinalis Albiflora 28
 S. officinalis Icterina 14,28
 S. officinalis Kew Gold 22,28
 S. officinalis Purpurescens group 14
 S. purpurea Raspberry Royal 30
 S. sclarea 95
Sambucus canadensis 21,96
 S. nigra 21,96
 S. nigra Aurea 21,29
 S. nigra f. *laciniata* 21
 S. nigra Guincho Purple 21
 S. racemosa Plumosa Aurea 29
Santolina chamaecyparissus 28
Sempervivum 23,31

Serenoa repens 97,160
Silybum marianum 25,98,161
Solidago virgaurea 25
Symphytum officinale 25,99

Tagetes minuta 42
 T. patula 25
Tanacetum argentum 28
 T. parthenium 23,162
 T. parthenium Aureum 28
 （「*Chrysanthemum parthenium*」も参照）
Teuchrium chamaedrys 31
Thymus citriodorus 100
 T. x citriodorus Argentius 28
 T drucei 100
 T. herba-barona 100
 T. serpyllum Annie hall 32
 T. serpyllum Pink Chintz 32
 T. serpyllum Rainbow Falls 32
 T. vulgaris 14-15,20,100
Trigonella foenum-graecum 101
Tropaeolum majus 17

Valeriana officinalis 30,102,163
Verbascum thapsus 24,28
Viola odorata 21

Zingiber offinale 103,164

あ

アイローション
　フェンネルの 118
　ミントの 123
青あざ用トリートメント、パセリの 131
アジュガ 26,30
アストリンゼント、マリーゴールドの 117
アップル＆ミント＆クランベリーのクーラー
　..217
アーティチョーク 28
アフターバスオイル、ハーブの 127

アフターバスコロン、フローラルな 114
アロエベラ 53
　化粧品用 113
　薬用 146
アンジェリカ 24,25,29,40,57
　種まき 37
　チャイニーズ（当帰） 57
　薬用 147

イチョウ 71
　薬用 152-153
イブニングプリムローズ 24,25,84

ウィッチヘーゼル 24
　化粧品用 125,133,137
ウォールジャーマンダー 31

エキナセア、薬用 150-151
エリンジウム（シーホリー） 28
エルダー 21,96,136
　アメリカン 21
　ゴールデン 29
エルダーフラワー
　ウォーター 21,106
　化粧品用 112,131,136-137,139
　ビネガー 107

オリスルート 21,75
　化粧品用 119
オレガノ 15,86
　レシピ 191-192,213

か

カバカバ 91
　薬用 159
ガムツリー 28
カモミール 32,41,58
　化粧品用 115,137,139
　芝生 32
　ローマン 21,22,32,58

索　引　**219**

カモミールとアップルのティー 215	子牛肉のロースト、ローズマリー風味....199	ジンジャー 103
ガーリック 42,51	子牛レバーのハーブソース蒸し 202	薬用 164
オイル 44	ゴートチーズのカナッペ 168	ジンジャーとバレリアンのティー 215
化粧品用 139	コリアンダー 15,67	スイートシスリー 82
薬用 144-145	種まき 37	スイートリーフのフェイスパック 129
レシピ 208-211	レシピ 180-182	スキンクリーム、ミントの 123
ガーリックチキンのキュウリ＆グレープ添え	ゴールデンロッド 25	スキントニック
....211	コンディショナー、使い心地抜群のエルダー	カモミールの 115
カレープラント 43	の 137	フローラル 135
	コンディショニングナイトクリーム 129	ローズゼラニウムの 129
キャットミント 26,83	コンパニオンプランツ 42-43	スケートのタラゴンバター添え 178
株分け 39	コーンフラワー 24,30,41,69	スティンキングロジャー 42
化粧品用 112	（「Echinacea」も参照）	スパイシーなガーリック風味のクルマエビ
剪定 43	コンフリー 24,25,99	208
キャラウェイ 65	株分け 39	スパイシーなボディトナー 141
	化粧品用 112,138-139	スペアミント 15,80
クラリセージ 95	剪定 43	スモークサーモンとディルのリゾット 173
クリーミーなフラン、リーキとパスタの .207		スモークハドックのポット 194
クリーム	**さ**	酸辛湯（スーラータン）............................180
クレンジング 121,139		
コンディショニングナイト 129	サザンウッド 28,42,61	セージ 14,20,22,28,94
手肌をいたわるハンド 129	挿し芽 40	エルサレム 29
マリーゴールドの 117	剪定 43	化粧品用 112,123
ミントのスキン 123	さっぱり気分爽快になるボディオイル 125	ゴールデン 28
ローズとアプリコットの 133	サーモン、黒インゲンマメのレリッシュ添え	挿し芽 40
グリーントリートメントパック 131	（フライパンソテー） 182	スパニッシュ 20
クルマエビ、スパイシーなガーリック風味の	サーモンとブロッコリーのペンネ 172	剪定 43
....208	サルモリッリョ 213	パイナップル 17
クルミとタイムのリゾット 207	サーロインステーキのオニオンリング添え	パープル 30
クレンジング	204	レシピ 202-204
パセリとミントの 131	サンオイル、レモンバーベナの 114	ゼラニウム、ローズ 114,128-129,139
ヤローとネトルの 112	サントリーナ（コットンラベンダー）....28,42	センテッドゼラニウム 89
クレンジングクリーム	剪定 43	剪定 43
コンフリーの 139	サンフランシスコのチョッピーノ 192	セントジョーンズウォート 73
ラベンダーの 121		薬用 157
クレンジング用フェイスパック 112	ジェル、マリーゴールドの 117	センペルビブム 23,31
黒オリーブのタップナード 205	ジギタリス 30	
	ジャスミン 21,76	ソバカス用ローション、パセリの............131
化粧品用のハーブ 18-21	アラビア 76	ソープボール、タイムの 141
レシピ 104-141	化粧品用 114	
	スパニッシュ 21,76	

た

- ダイアンサス 28
  - ミセス・シンキンズ 28
- タイム 14-15,20,32,100
  - キャラウェイ 100
  - 化粧品用 140-141
  - ゴールデン 28
  - シルバーポジー 15
  - 剪定 43
  - レシピ 205-107
  - レモン 100
- タチアオイ 24,30
- タップナード、黒オリーブの 205
- タラゴン
  - 剪定 43
  - フレンチ 12,15,59,62,167
  - レシピ 177-178,212
  - ロシアン 15,62
- タラゴンとセサミのドレッシング 212
- タラのペスト添え、焼き 188
- タンジー 28,112
- タンポポ 112

- チキンとタラゴンのマッシュルームリゾット
 178
- チキンのキュウリ&グレープ添え、ガーリック
 211
- チキンのフライパンソテー、タラゴン添え
 177
- チャイブ 15,52,59,167
  - 株分け 39
  - 冷凍保存 44
  - レシピ 168-170,213
- チャイブ入りチキンのダンプリング 170
- チャイブとレモンのビネグレットソース .213
- チャービル 42,59
  - 化粧品用 139
  - 種まき 37
  - レシピ 175-176
- チャービル入り焼きラザーニャ 175

- 使い心地抜群のエルダーのコンディショナー
 137
- ディル 15,56,167
  - 種まき 37
  - レシピ 171-173
- ディルのロシアンポテトサラダ 171
- デオドラント、ラベンダーの 121
- 手肌をいたわるハンドクリーム 129

- トナー
  - コンフリーの 139
  - スパイシーなボディ 141
  - ペパーミントのレモン 125
- トマトとコリアンダーのスープ 181
- トマトとバジルのドレッシング 212
- トマトとバジルのブルスケッタ 190
- トマトとパセリのスリング 217
- トリートメントパック、グリーン 131
- ドリンク 215-217
- ドレッシング 212-213

な

- ナイトクリーム、コンディショニング 129
- ナスタチウム 17,41
- ナスとフェンネル、クルミのサラダ 187
- ナスのペスト 190

- ニオイアラセイトウ 31
- ニオイスミレ 21
- ニンジン 88
  - 薬用（エゾウコギ） 152-153

- ネトルのジンジャービール 217

- ノコギリヤシ 97
  - 薬用 160

は

- バジル、スイート 15,85,167
  - 化粧品用 126-127
  - パープル 15,30
  - 冷凍保存 44
  - レシピ 188-190,212
- バスオイル、ローズマリーの 135
- バスソルト、ハーブの 119
- パスタ
  - サーモンとブロッコリーのペンネ 172
  - チャービル入り焼きラザーニャ 175
  - パスタプリマベーラ 196
  - リーキとパスタのクリーミーなフラン.207
- パセリ 15,59,90,167
  - 化粧品用 123,130-131
  - 種まき 37
  - ナポリタン 90
  - 冷凍保存 44
  - レシピ 194-196,213,217
- パセリとセロリの葉のフライ 196
- パック
  - グリーントリートメント 131
  - コンフリーのフェイス 139
  - スイートリーフのフェイス 129
  - タイムとイチジクの 141
  - バジルとレモンのフェイス 127
  - ペパーミントのフェイス 125
  - ローズのプチフェイス 133
- パップ、コンフリーとガーリックの 139
- ハニーサックル 11,43
- パヒューム、ローズとバジルの 127
- ハーブガーデンの維持 34-40
  - 植え方 34-40
- ハーブのアフターバスオイル 127
- ハーブの乾燥 44
- ハーブの収穫 44
- ハーブのバスソルト 19
- ハーブの保存 44
- バレリアン 31,102
  - 薬用 163

ハンドクリーム、手肌をいたわる............129

ヒソップ..74
 挿し芽....................................40
ヒメムラサキ......................................26
日焼け後の保湿剤.............................113

ファトーシュ....................................195
フィッシュシチュー、ポルトガル風............208
フィーバーフュー......................23,47,66
 化粧品用.................................112
 ゴールデン..................................28
 種まき.......................................37
 薬用...162
フェイスケア
 フェンネルとオリーブオイルの...........118
 ローズマリーとアーモンドの..............135
フェイスパック
 コンフリーの................................139
 スイートリーフの............................129
 バジルとレモンの............................127
 ペパーミントの..............................25
フェイスフレッシュナー、エルダーフラワー
 のフェイス...................................137
フェネグリーク...................................101
フェンネル.................................15,21,70
 化粧品用............................112,118
 種まき.......................................37
 ブロンズ...............................21,30
 レシピ.................................184-187
ブーダー・ア・ラ・ムスリーン...................119
フットバーム、ラベンダーの....................121
殖やし方....................................37-40
フライパンソテー（サーモン）、黒インゲン
 マメのレリッシュ添え.......................182
フライパンソテー（チキン）、タラゴン添え
177
フライパンソテー（ポーク）、焼きリンゴの
 レリッシュ添え..............................202
フローラルスキントニック......................135
フローラルな香りのアフターバスコロン.114

ヘアリンス、エルダーフラワーの............137
ベイ...................................14,77,167
 乾燥保存..................................44
 黄色の葉の.................................29
 挿し木......................................40
ペパーミント.................................22,80
 化粧品用.....................124-125,126
 薬用..158
ベルガモット................................30,81
 株分け......................................39
 レッド.......................................81
 レモン......................................81
 ワイルド
ベルガモットオレンジ...........................21

ポークのノワゼット、プルーンと栗添え.200
ポーク、焼きリンゴのレリッシュ添え（フラ
 イパンソテー）.............................202
保湿剤
 日焼け後の.................................113
 ローズの...................................133
ミントとパセリの保湿ミルク..................123
ホーソン...68
 薬用..................................148-149
ホタテとフェンネルのリゾット..................187
ホタテのサフランクリームがけ...............169
ホップ...43
 ゴールデン
ボディオイル、気分爽快になる............125
ボディトナー、スパイシーな..................141
ボディローション、ラベンダーの............121
ポテトサラダ、ディルのロシアン............171
ホムス...210
ボリジ...63
 種まき.......................................37
ポルトガル風フィッシュシチュー............208
ボローニャ風リゾット.........................191

ま

マウスウォッシュ

 ペパーミントの.............................125
 ミントとローズマリーの....................123
マグワート......................................43
マーシュマロウ.................................55
マジョラム
 株分け......................................39
 ゴールデン..................................28
 スイート................................15,87
 剪定..43
 ポット..15
マッサージローション.........................113
マドンナリリー.............................20,129
マリアザミ..............................24,25,98
 薬用..161
マリーゴールド.................................11
 化粧品用.....................116-117,139
 種まき.......................................37
 フレンチ................................25,42
 ポット.................................17,47,64
マリーゴールドとヨーグルトのペースト.117
マレイン....................................24,28

ミント.................................12,15,40,80
 オーデコロン............................15,30
 化粧品用.....................122-123,141
 ジンジャー..................................15
 剪定..43
 パイナップル...............................15
 バジル......................................15
 冷凍保存..................................44
 （「ペパーミント」「スペアミント」も参照）

蒸しムール貝のフェンネル入りクリームソー
 ス添え....................................184
ムール貝のフェンネル入りクリームソース添
 え、蒸し..................................184

や

焼きタラのペスト添え........................188
薬用ハーブの育て方....................22-25

利用法 143-165
ヤロー 21,42,49
 株分け 39
 化粧品用 112

ヨウシュトリカブト 30

ら

ライトニングペースト、カモミールの ...115
ラークスパー 25
ラタトゥイユとゴートチーズのキッシュ.189
ラッズラブ（「サザンウッド」を参照）
ラベンダー 11,18,20,21,28,42,78
 インペリアルジェム 20
 ウォーター 106
 乾燥保存 44
 化粧品用 119,120-121,122
 挿し芽 40
 剪定 43
 ナナアルバ 20
 ヒドコートピンク 20
 ムンステッド 20
ラムステーキのガーリック＆ローズマリー添え 199

リーキとパスタのクリーミーなフラン ...207
リコリス 72
 薬用 156
リゾット
 クルミとタイムの 207
 スモークサーモンとディルの ...173
 チキンとタラゴンのマッシュルーム ...178
 ホタテとフェンネルの 187

リップバーム、ローズの 133
リナリア、高山種 31

ルー 11

レディスマントル 11,22,28,50
 化粧品用 112,139
 剪定 43
 種まき 37
レモンバーベナ 15,54
 化粧品用 114
レモンバーム 22,79
 化粧品用 135
 ゴールデン 28
 剪定 43
レモンバームのワインカップ 215

ローション
 エルダーフラワーの 137
 タイムとレモンの 141
 バジルとローズウォーターの ...127
 パセリのソバカス用 131
 マッサージ 113
 ラベンダーのボディ 121
 ローズマリーのハーブ 135
ローズ 18,21,92
 アポテカリー 11,18
 アルバ種 18
  ケーニギン・フォン・デンマーク ...18
  セレスト 18
  ホワイトローズ・オブ・ヨーク ...18
  メイデンズ・ブラッシュ 18
 ガリカ種 18
  タスカニースパーブ 18

  デューク・ド・ギッシュ 18
  ロサムンディ 18
 乾燥保存 44
 化粧品用 114,135,137
 剪定 43
 ダマスク種 18
  オータムダマスク 18
  プロフェッサー・エミール・ペロー ...18
 ビネガー 107
 ブルボン種 18
  ゼフィリーヌ・ドローイン ...18
  マダム・アイザック・ペレール ...18
  ルイーズ・オディエ 18
 モスローズ 18
  クリスターナ 18
  シャポー・ド・ナポレオン ...18
  ハンスレットモス 18
ローズウォーター 106,127,132-133,135,137
ローストポートベロのマツの実とチャービル添え 176
ローズマリー 11,14,21,22,28,42,93,167
 化粧品用 122,123,134-135,141
 挿し芽 40
 剪定 43
 テキサスローズマリー、アープ ...20
 ピンキー 20
 ミスジェサップスアップライト ...14
 レシピ 199-200,213
ローズマリー風味、子牛肉のロースト ...199
ロベリア 30
ワームウッド 11,28,43

関連情報

ハーブや薬草学についてさらに知りたい場合は、以下の団体にお問い合わせ下さい。

International Herb Association
910 Charles Street Fredericksburg,
VA 22401, USA
http://www.iherb.org

メディカルハーブ広報センター
事務局
〒162-0851
東京都新宿区弁天町43
TEL&FAX.03-3267-7686
http://www.medicalherb.or.jp

ジャパンハーブソサエティー（JHS）
事務局
〒157-0066
東京都世田谷区成城6-15-15
TEL&FAX.03-3483-9111
http://homepage3.nifty.com/npo-jhs/ninteiko.html

ガイアブックスの出版企画は……

「自給自足に生きる地球」という生命体としてのガイアの視点から地球と人間の共存に役立つ企画本です。

---

new Herb Bible
ハーブ活用百科事典

発　　行　2006年8月1日
本体価格　2,900円
発行者　　平野　陽三
発行所　　産調出版株式会社
　　　　　〒169-0074 東京都新宿区北新宿3-14-8
　　　　　TEL.03-3363-9221　FAX.03-3366-3503
　　　　　http://www.gaiajapan.co.jp

Copyright SUNCHOH SHUPPAN INC. JAPAN2006
ISBN 4-88282-496-5 C0077
Printed and bound in Singapore

落丁本・乱丁本はお取り替えいたします。
本書を許可なく複製することは、かたくお断りいたします。

著　者：キャロライン・フォーリー（Caroline Foley）
マスコミ界で記事執筆に従事。イングリッシュ・ガーデン・スクールでガーデンデザイナーの資格を得、現在はロンドンを拠点にガーデンデザインに従事。"Country Living" "Gardens Illustrated"などを執筆している。

ジル・ナイス（Jill Nice）
美容師。オリジナルの化粧品やハーブ療法サロンを開発・経営。美容やハーブによるヘルスケアについて実践的で豊富な知識を持つ。"Homemade Preserves" "Looking Good Naturally" "Herbal Remedies and Home Comforts"などの著書がある。

マーカス・A・ウェッブ（Marcus A. Webb）
オステオパス（整骨療法士）およびナチュロパス（自然療法士）の有資格者として活動中。臨床治療を重ねるうちに、適切なハーブ薬を投与することでめざましい結果が得られるケースを数多く確認。本書では薬用ハーブの章を担当。

日本語版：林　真一郎（はやし　しんいちろう）
監　　修　薬剤師。グリーンフラスコ（株）代表取締役。メディカルハーブ広報センター専務理事。『メディカルハーブ安全性ハンドブック』（東京堂出版）、『緑の薬箱ハーブセラピー』（NHK出版）、『メディカルハーブレッスン』（主婦の友社）など多数の著書、監訳書がある。

翻訳者：鈴木宏子（すずき　ひろこ）
東北学院大学文学部英文科卒業。訳書に『カラーセラピー』『レイキと瞑想』『顔のハリを取りもどす』『ハンドリフレクソロジー』（いずれも産調出版）など。

GAIA BOOKS　出版企画／ガイアブックス

ハーブ活用百科事典

ハーブの育て方からヒーリング、料理までの完全保存版

林　真一郎 日本語版監修

キャロライン・フォーリー／ジル・ナイス／マーカス・Aウェッブ 共著

鈴木　宏子 翻訳

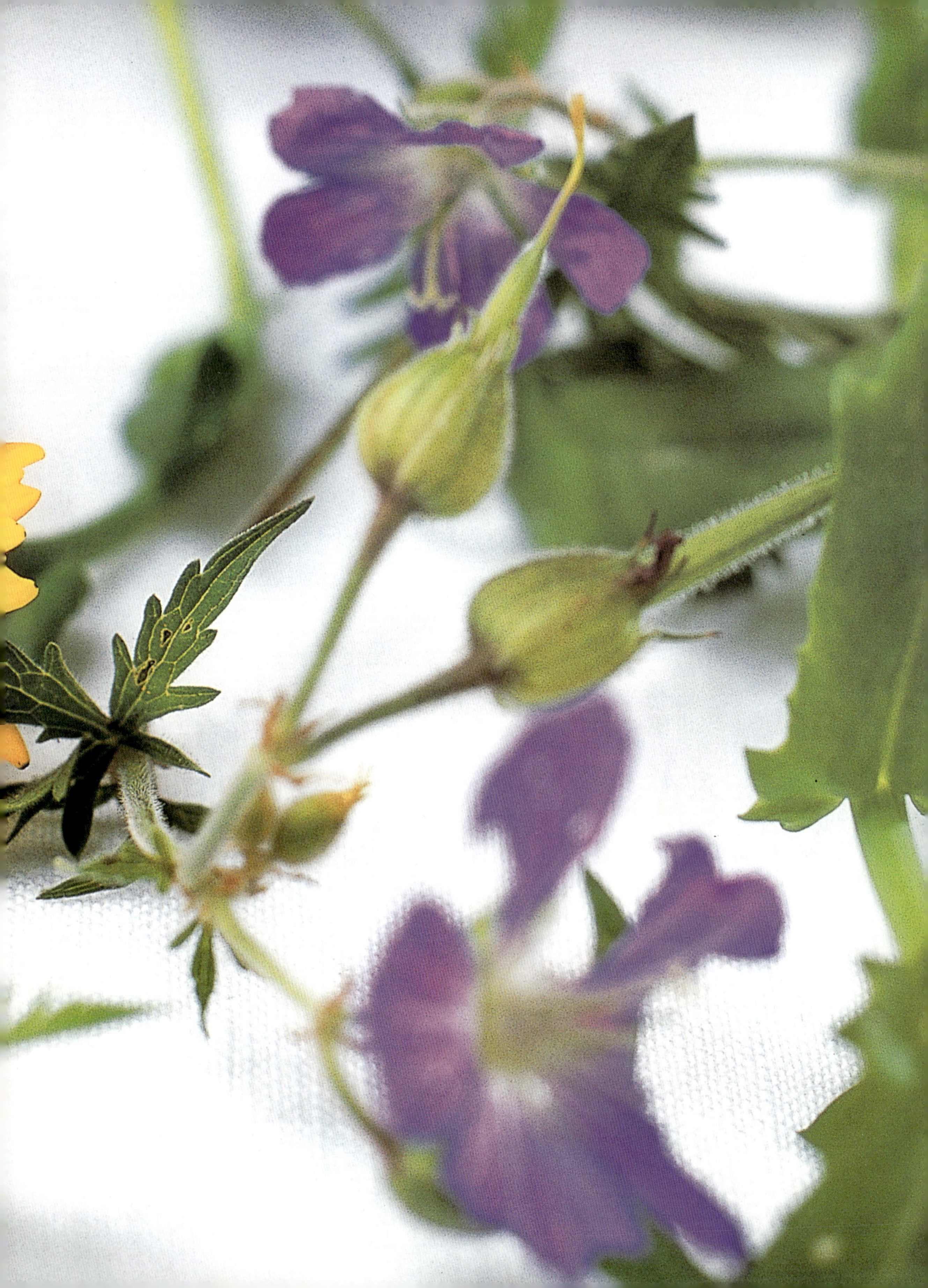